高等职业教育创新创业系列教材

创新思维导论

第2版

主　编　蒋祖星

副主编　周　艳

参　编　赖云灵　郑又新　张少明

机械工业出版社

为响应国家创新发展战略，适应“大众创业、万众创新”的时代要求，培养大学生的创新意识，我们编写了本书。本书主要介绍了如何突破思维定势，激发创新潜能以及常用的组合、类比、仿生、逆向思维、还原及系统思维六大创新思维方法，并通过大量的案例和创新思维能力训练，让读者掌握基本的创新思维方法，达到树立创新意识和自信心，提升创新精神和创新能力的目的。

本书可作为高职院校创新创业通识课程的教材，也可为创新工作者提供创新方法论指导。

为了方便教学，本书配备了电子课件等教学资源。凡选用本书作为教材的教师均可登录机械工业出版社教育服务网 www.cmpedu.com 免费下载。如有问题请致电 010-88379375，服务 QQ：945379158。

图书在版编目（CIP）数据

创新思维导论/蒋祖星主编．—2版．—北京：机械工业出版社，2020.12（2023.9重印）

高等职业教育创新创业系列教材

ISBN 978-7-111-66913-5

Ⅰ．①创…　Ⅱ．①蒋…　Ⅲ．①创造性思维—高等职业教育—教材
Ⅳ．①B804.4

中国版本图书馆CIP数据核字（2020）第220592号

机械工业出版社（北京市百万庄大街22号　邮政编码100037）

策划编辑：孔文梅　　责任编辑：孔文梅　乔　晨

责任校对：梁　倩　陈　越　　封面设计：鞠　杨

责任印制：郜　敏

三河市国英印务有限公司印刷

2023年9月第2版第4次印刷

169mm×239mm・7.5印张・98千字

标准书号：ISBN 978-7-111-66913-5

定价：29.00元

电话服务　　网络服务

客服电话：010-88361066　　机　工　官　网：www.cmpbook.com

010-88379833　　机　工　官　博：weibo.com/cmp1952

010-68326294　　金　书　网：www.golden-book.com

　机工教育服务网：www.cmpedu.com

高等职业教育创新创业系列教材

编审委员会

前言 PREFACE

习近平总书记在全国科技创新大会、中国科学院第十八次院士大会和中国工程院第十三次院士大会、中国科学技术协会第九次全国代表大会上指出："创新始终是一个国家、一个民族发展的重要力量，也始终是推动人类社会进步的重要力量。不创新不行，创新慢了也不行。如果我们不识变、不应变、不求变，就可能陷入战略被动，错失发展机遇，甚至错过整整一个时代。实施创新驱动发展战略，是应对发展环境变化、把握发展自主权，提高核心竞争力的必然选择，是加快转变经济发展方式、破解经济发展深层次矛盾和问题的必然选择，是更好引领我国经济发展新常态、保持我国经济持续健康发展的必然选择。"李克强总理强调："科技创新要在'顶天立地'上下功夫。所谓'顶天'就是要推动原始创新，研发高精尖技术；'立地'就是面向'大众创业、万众创新'，有利于科技成果转化为现实生产力。"

面对"大众创业、万众创新"的时代要求，作为新生代的大学生，尤其是高职院校的学生，往往创新创造的自信心严重不足，认为创新创造都是"高大上"的科学家、学者才能做的事情，与自己没有什么关系。为此，2012年教育部就明确要求高校应面向全体学生单独开设"创新创业基础"必修课，2014年教育部又提出了高校要构建"双创"教育培养体系的要求。如何提高大学生创新意识、培养创新精神、练就创新能力、树立创新创造的自信心已成为新时代高等教育面临的紧迫任务。

本书在第1版的基础上，根据读者的反馈意见，结合高职学生的学情特点，删减了一些有关创新思维理论方面的内容，增加了创新思维技能、技法方面的内容，进一步丰富了教学案例，重点论述了创新思维的基本方法、基本原理和基本技法，旨在通过基本创造性思维方法的学习和技法训练，培养学生创新意识和创新精神、树立创新创造自信心。

本书适于作为职业院校创新创业通识课程教材，建议教学时数为 16 ～ 20 课时。

本书由广东交通职业技术学院蒋祖星教授任主编，并编写了专题一、专题六、专题七和专题八；广州航海学院周艳副教授任副主编，并编写了专题二；广东交通职业技术学院张少明、赖云灵、郑又新分别编写了专题三、专题四、专题五。

为方便教学，本书配备了电子课件等教学资源。凡选用本书作为教材的教师均可登录机械工业出版社教育服务网 www.cmpedu.com 免费下载。如有问题请致电 010-88379375，服务 QQ：945379158。

创新思维理论、方法和技法处于不断丰富和发展之中，由于作者水平有限，书中疏漏和不当之处在所难免，恳请读者批评指正。

编　者

目录 CONTENTS

目录

CONTENTS

目录

CONTENTS

创新与创新思维

思维导图

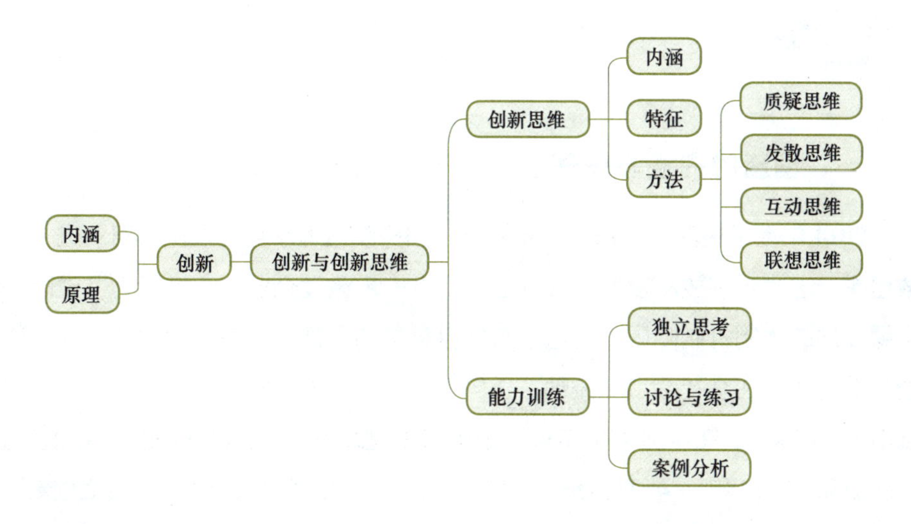

引导案例

手套的分解

手套是一种常见的日常生活用品，将手套再分解能得到什么呢？江苏的一名工程师心血来潮，将普通的薄型白手套的指套部分剪去，再在手套的背面印上五笔字型的指法和字根规则，发明了专利产品“电脑上机手套”，获得了初学五笔打字者的青睐。西安某高校老师与其相反，将手套的指套部分分解出来，成为单独的产品——卫生指套。用无菌塑料做成的指套附在食品包装中，在食用前将指套套在手指上，以防手指上的细菌污染食品，特别适合旅行者使用，也获得了发明专利。

案例思考

手套是大家日常生活中司空见惯的东西，通过分解和再组合，发明者创造了不同用途的新产品，这说明了什么问题?

案例启示

人们非常熟悉的东西，自认为理所当然的东西，通过转换思路，采取不同的方式方法进行分解和重组，可满足不同场合和对象的特殊使用要求，这就是创新，其解决问题的思路就是创新思维。

知识陈述

一、创新的内涵与原理

2014 年夏季达沃斯论坛的开幕式上，国务院总理李克强发出号召：进一步解放思想，进一步解放和发展社会创造力，进一步激发企业和市场活力，破除一切束缚发展的体制机制障碍，让每个有创业意愿的人都拥有自主创业的空间，让创新创造的血液在全社会自由流动，让自我发展的精神在群众中蔚然成风。借改革创新的“东风”，在中国 960 万平方公里土地上掀起一个“大众创业”“草根创业”的新浪潮。2015 年，全国两会政府工作报告正式提出了“大众创业、万众创新”，打造经济发展新引擎的要求。这标志着中国已经进入一个大众创业、万众创新的新时代。

创新是指人类为了满足自身的需要，不断拓展对客观世界及其自身的认知与行为，从而产生有价值的新思想、新举措、新事物的实践活动。

“创新”一词最早出现在《南史·后妃传》中，意思是创立或创造新东西。《词源》中“创”是指破坏，是开始“做”，具有明显的创造特征；“新”是指刚获得、刚出现或刚经历到的，指事物在性质上改变得更好，是没有用过的。《现代汉语词典》（第 7 版）中解释的“创新”就是抛开旧的，创造新的。一般意义上讲，创新有三层含义，即更新、创造新的东西、改变。创新作为一种理论，形成于20世纪，著名的创新学者、美国哈佛大学教授熊彼特从经济学角度认为创新是“一种生产函数”，即“生产要素的重新组合”，就是把一种从来没有的关于生产要素和生产条件的“新组合”引入生产中去，其目的是获得潜在的利润，最大限度地获得超额利润。管理学家彼得·德鲁克认为“创新是有系统地抛弃昨天，有系统地寻求创新机会，在市场的薄弱之处寻找机会、在新知识的萌芽期寻找机会、在市场的需求和短缺中寻找机会”。

创新是人类社会发展的原动力，人类社会发展史实际上就是一部大众创业、万众创新的历史。18世纪的工业革命中，与蒸汽机有关的许多重大技术都是普通技术工人发明的；在我国，20世纪80年代初以家庭联产承包责任制为核心的农村经济体制改革促使大量的乡镇企业异军突起，成就了大批的农民企业家；在社会主义市场经济改革的浪潮中，部分机关事业单位、国有企业职工“下海创业”，促使大量民营企业异军突起，成就了今天以华为、联想、海尔等为代表的一批知名企业。

从心理学层面上讲，创新是人类的基本属性和心理品质，为此人们总结了创新的三个基本原理。

1. 创新是人脑的一种机能和属性——与生俱来

大脑是创新的源泉，创新的过程是人的脑力劳动的过程。人的一切心理现象或者创新意识、创新精神都是人脑的一种功能，是与人类自身进化而同步形成的客观天赋。推动人类社会发展的原动力正是深隐在人类大脑这块因自然因素与内在需求相结合而形成的高度复杂的自然物质之中的创新意识与创新能力。诺贝尔物理学奖获得者艾伯特·詹奥吉曾说过：“发明就是和别人看同样的东西却能想出不同的事情。”著名企业家比尔·盖茨也曾说过：“人与人之间的区别主要是脖子以上的区别——大脑决定一切。”

案例1-1　蜂窝煤的发明

1948年，山东商人郭文德在德州开了一家煤店，主要经营煤块和散煤。烧煤块、煤饼是当时主要的做饭及取暖方式，但由于煤炉炉膛不通透，导致煤块、煤饼燃烧不充分，不仅费煤，且烟大呛人，熏得到处黑黢黢的，熄火了还不易引燃。这些问题被郭文德看在眼里，他开始琢磨能不能发明一种节约好用又清洁的煤球。

那时候睡前封炉子，通常会做一个湿煤饼盖在煤块上，在煤饼上捅一个孔，这样省煤的同时又不易熄灭。有一天早晨，郭文德打开炉盖，看到火苗从那个孔中向上冒，这让他一下有了灵感，他找来几个铁加工厂的老师傅，按照他的想法敲敲打打，经过反复推敲与改进，终于做出一个加工煤球的模具。该模具约有50厘米高，用铸铁制成，分上下两片，下片有圆形内膛，上片有直立的钢条。加工时把原料塞入内膛，上下片合上后用铁锤敲打，是个重体力活。因为煤粉本身没有黏性难以成形，掺什么东西能既有黏性又不阻燃呢？经过无数次的失败与改进后，郭文德选中了生石灰，又经过多次实验，他最终确定了煤粉与生石灰的比例。1949年的一天，历史上第一块蜂窝煤诞生了，不过那时候它还不叫这个名字，郭文德根据其节煤属性将其命名为“经济煤球”。

2. 创新是人类自身的本质属性——人人皆有

我国著名教育家陶行知先生在《创造宣言》中指出：“处处是创造之地，天天是创造之时，人人是创造之人。”

创新是人类的本质属性，是在人类与自然交互影响中形成的一种自然禀赋，也是“大众创业、万众创新”的理论依据之一。人人都是创新之人，人人都有创新之能，正确地认识自己，树立创新的自信心，是创新成功之前提，正所谓“成功者找方法，失败者找借口”。创新时刻在我们身边，创新对象多种多样，人人事事皆可创新。

案例 1-2　小女孩的创意

1821年，德国乡村一个农家小女孩拿着妈妈的木梳在家门口玩耍，玩着玩着玩出一个花样：她拿了两个纸片，一上一下贴在木梳上，然后把它放在嘴唇上吹起来，谁知竟吹出了声音。恰巧，一位名叫布希曼的音乐家路过此处，并被这奇妙的声音吸引住了。他仔细端详了小女孩的“杰作”，回家后，他参照小女孩的木梳，结合中国古笙和罗马笛的发音吹奏原理，用象牙制作了世界上第一把口琴。

3．创新是可以被某种因素激活或经教育培训引发的一种潜在的心理品质——潜力巨大

创新并不是高不可攀的，之所以很多人认为自己缺乏创新能力，是因为虽然每个人都具有某种潜在的创新能力，但是这种创新潜力只有通过教育、训练以及创新实践活动才可能被开发利用并得到显著提高，长期的思维停滞，会造成思想的僵化。能否尽早尽快地开发自己的创新潜力，把这种潜力转化为能力，则决定了一个人的未来。创新潜力是人类共有的可开发的财富，是取之不尽、用之不竭的“能源”。

二、创新思维的内涵与特征

1．创新思维的内涵

思维是人脑对客观事物本质属性和内在联系的概括和间接反映。创新思维是一种有创见的思维，是人脑对客观事物未知成分进行探索的活动，是人脑发现和提出新问题，设计新方案，开创新路径，解决新问题的活动。

创新思维是以新颖独创的方法解决问题的思维过程，通过这种思维能突破常规思维的界限，以超常规甚至反常规的方法、视角去思考问题，提出与众不同的解决方案，从而产生新颖、独到、有社会意义的思维成果。从哲学意义上讲，创新思维是人脑最高级的思维过程，是对传统思维方式的辩证否定，是在表象、概念的基础上进行分析、综合、判断、推理等认识活动的过程，或者说是指向理性的各种认识活动。

与动物相比，人类的眼睛不如鹰、游泳不如鱼、夜视不如猫、嗅觉不如狗、繁殖不如昆虫……人类如果只依靠这些平常的肢体、器官，不用说征服自然，就是人类自身的生存，也会出现很大的困难。人类的神奇力量并非来自于肢体、器官，而是来自于人类大脑所独有的创新思维能力，所以有人说，“人脑是世界上最大的经济技术开发区”。比尔·盖茨曾说：“创意犹如原子裂变，每一盎司的创意都会带来无以计数的商业利益，绝妙的创意与策划就是‘聚宝盆’，它会给企业带来滚滚财富。”

我们常常会感慨“某某人的脑袋好使，点子多，办法多”，或者“某某人脑袋不灵，干啥都迟钝”。很多人认为，学历高、读书多、知识丰富、成绩好的人脑袋一定好使。实际不一定，学历高和知识丰富是一个人积累的理性经验充足，如果遇到的是反复出现的问题或常规问题，知识丰富的人很容易寻找到相应的知识“库”，可供借鉴的经验或客观规律多，因此思考起来确实更快，效率也较高。但是如果遇到的是创新性、非常规性，甚至是反常规的问题，知识丰富的大脑可能反而受到既有经验性思维束缚更多。也就是说，理性经验充足的人未必一定善于创新思考。

案例 1-3　博士后和工人的创造区别

某国有企业引进了一条香皂包装生产线，发现这条生产线有一个缺陷：常常会发现有空盒子没有装香皂。他们请了一位自动控制专业的博士后，要求他设计一个方案来分拣空的香皂盒。博士后拉起一个十几个人组成的科技攻关小组，综合采用了机械、微电子、红外扫描感应等技术，花了 190 万元，成功解决了问题。每当生产线上有了空香皂盒通过时，两旁的探测仪立即就能检测到，并驱动一只机械手把空盒子捡走。

中国西部有一家乡镇企业也买了同样的生产线，老板发现这个问题后大为恼火，找来一名工人，并说：“想想办法，把这个问题搞定。”工人很快想出了一个办法：他花了 190 元钱在生产线旁边放了一台大功率风扇猛吹，将空香皂盒全部都吹走了。

2. 创新思维的特征

创新思维是以唯物辩证法为指导，以全面而深厚的理论和实践经验为基础，以现实的需要为导向的思维方式。创新思维又称为“独创思维”“反常思维”，旨在摆脱固有思维（常规思维）的束缚，即非传统的独特的思维。简言之，就是想一般人没有想到的事，办过去没有办到的事。如邓小平同志提出的“一国两制”、社会主义市场经济等，都是创新思维的伟大成果，是创新思维的典范。

创新思维的本质在于将创新意识的感性愿望提升到理性的探索上，实现创新活动由感性认识到理性思考的飞跃，它具有以下基本特征：

（1）联想性。联想是创新者在创新思考时经常使用的方法，也是比较容易见到成效的创新思维方式。通过联想能将表面看来互不相干的事物联系起来，从而达到创新的界域。联想性思维可以有助于人们利用自己已有的经验和成果创新，如我们常说的由此及彼、举一反三、触类旁通；也可以利用别人的发明或创造进行创新。任何事物之间都存在着一定的联系，联想的最主要方法是积极寻找事物之间的一一对应关系。

（2）求异性。创新思维在创新活动过程中，尤其在初期阶段具有明显的求异性特征。它要求关注客观事物的不同性与特殊性，关注现象与本质、形式与内容的不一致性。一般来说，人们对司空见惯的现象和已有的权威结论怀有盲从和迷信的心理，这种心理使人很难有所发现、有所创新。而求异性思维则不拘泥于常规，不轻信权威，以怀疑和批判的态度对待一切事物和现象。创新思维是一种创造性思维，它不是简单地重复以往人们的思维过程，而是以“新、独、特”等来标新立异。

（3）发散性。发散性思维是一种开放性思维，其过程是从某一原点出发，任意发散，既无一定方向，也无一定范围。它主张打开大门，张开思维之网，冲破一切禁锢，尽力接受更多的信息。人的行动自由可能会受到各种条件的限制，而人的思维活动却有无限广阔的天地，是任何别的外界因素难以限制的。发散性思维常常能够产生众多的可供选择的方案、办法及建议，能提出一些独出心裁、出乎意料的见解，使一些似乎无法解决的问题迎刃而解。

（4）逆向性。逆向性思维就是有意识地从常规思维的反方向去思考问题的思维方法。如果把传统观念、常规经验、权威言论当作金科玉律，常常会阻碍我们创新思维活动的展开。面对新的问题或长期解决不了的问题，不要习惯于沿着前辈或自己长久形成的、固有的思路去思考问题，而应从相反的方向去寻找解决问题的办法。欧几里得几何学建立之后，从公元 5 世纪开始，就有人试图证明作为欧氏几何学基石之一的第五公设，但始终没有人成功，人们对它似乎陷入了绝望。1826 年，罗巴切夫斯基运用与过去完全相反的思维方法，公开声明第五公设不可证明，并且采用了与第五公设完全相反的公理。从这个公设和其他公设出发，他终于建立了非欧几何学。非欧几何学的建立解放了人们的思想，扩大了人们的空间观念，使人类对空间的认识产生了一次革命性的飞跃。

（5）综合性。综合性思维是把对事物各个侧面、部分和属性的认识统一为一个整体，从而把握事物的本质和规律的一种思维方法。综合性思维不是把对事物各个部分、侧面和属性的认识，随意地、主观地拼凑在一起，也不是机械地相加，而是按它们内在的、必然的、本质的联系，把整个事物在思维中再现出来。创新思维不可能单凭个人的新发现，不可能是无源之水，而是要善于借鉴别人的成果，贵在综合集成和二次开发应用。无论是伽利略还是爱迪生，无论是弗洛伊德还是爱因斯坦，他们的创新成果都有一个共同特点：吸收并综合使用他人的成果。光的本质、质量、速度等范畴的内涵，早在爱因斯坦提出相对论之前就已被揭示出来，他只是以广阔的视野、新颖的方式，把它们融合起来，成就了划时代的伟大创新。

三、创新思维方法

人们在长期的创新创造实践活动过程中，通过不断的总结和提炼，得到了许多可借鉴的创新思维方法，下面介绍常用的四种创新思维方法。

1. 质疑思维

质疑是探索未知，开辟新领域的思维活动，是指对每一种事物和现象都提出疑问，这是许多新事物、新观念产生的开端，也是创造思维最基本的方法之一。质疑通常表现为既不安于此，也不安于彼，处于举棋不定、悬而未决的矛盾游移状态，是认识过程中肯定与否定的中间环节，是科学发展中新旧理论交替的中间阶段，是人们认识过程中信与不信的中间状态，这时的思维处于求异状态，思路开阔，带有明显的试探性。儿童最喜欢提问，对很多常见的、显而易见的事物也会提各种各样的问题。但随着所受教育的增多，反而习惯了接受，儿时宝贵的质疑精神和创新精神逐渐消失，于是再也问不出那么多为什么了。其实每个人的思维差距并不大，需要我们去质疑的对象多种多样，在生活中当我们“自然而然”地接受某个观点或思想的时候，应当想想这其中是否存在值得质疑的东西，表象下的本质是否被我们的固有思维所蒙蔽了，试着去质疑一下周围的事物和一些所谓“理所当然”的东西，也许会产生许多新的认识。

质疑思维是指创新主体在已有事物的条件下，通过“为什么”（可否或假设）

的提问，综合应用多种思维方法改变原有条件而产生新事物（新观念、新方案）的思维。

要创新，就必须对前人的想法加以怀疑，从前人的定论中，提出自己的疑问，才能够发现前人的不足之处，才能产生自己的新观点。洗澡，是一件非常普通的日常小事，人们习以为常，都觉得司空见惯，不值得一提，而恰恰就是在这人人都十分熟悉的生活现象中，大科学家阿基米德，却从中悟出了一个重大的科学发现——浮力定律；同样，另一位科学家谢皮罗教授，也从中发现了玄机——水流漩涡的方向性规律。

古人云："学贵多疑，小疑则小进，大疑则大进。"为了创造，就必须对前人的想法和做法加以怀疑。当我们能够提出自己的疑问，提出自己的怀疑时，就说明我们对创造对象有了独立的思考。只有先有怀疑，才能提出问题，在提出问题的基础上，才能够解决问题，才能够产生新的发明创造。

实际上，创新就是由"好奇"而"观察"，"未知"而"探索"，想别人未所想，进而发现和提出问题，并最终解决问题的过程。好奇心是创新意识的诱发剂，也是创新精神和创新勇气的助力器，一切发明创造都是以发现问题为起点的。爱因斯坦说过："提出一个问题，往往比解决一个问题更重要，因为解决问题也许仅仅是一个数学上或实验上的技能而已。而提出新的问题、新的可能性，从新的角度去看旧的问题，都需要有创造性的想象力，而且标志着科学的真正进步。"当年哥白尼看出了"地心说"存在的问题，才有了"日心说"的产生。爱因斯坦找出了牛顿力学的局限，才诱发了"相对论"的思考。所有的科学家和思想家都是"提出问题和发现问题的天才"。

2．发散思维

发散思维又称辐射思维、放射思维、扩散思维或求异思维，是指大脑在思维时呈现的一种扩散状态的思维模式，它表现为思维视野广阔，思维呈现出多维发散状，如"一题多解""一事多写""一物多用"等方式。不少心理学家认为，发散思维能力是测定创造力的主要标志之一。

发散思维是基于人们已有的认知，建立在人们能理解的认知范围内，可通过互动启发来利用更多人的智慧激发更多的想法，产生更多的灵感。比如虚构类小说的作者，可以天马行空，可以畅所欲言，我手写我心，没有什么限制。正所谓“行为有限、思域无疆”。

日常生活中我们经常会发现很多人的思维跨度很大，能够海阔天空地去想；而有些人则缺少思维的广度，总是在一个小圈子里转来转去，怎么也发散不了。要想突破惯性思维，就要有意识去运用发散思维，试着将思维的广度扩展一下，就会有新的发现和创意。

有时候用不同的眼光看同一样旧东西，只要视角是新的，那么东西也就成了新的。思维惯性因为发散思维而突破，生活因为发散思维而多彩，社会因为发散思维而进步。

案例 1-4　小朋友的发散思维

老师问同学：“树上有 10 只鸟，开枪打死了一只，还剩几只？”这是一个大家都非常熟悉的脑筋急转弯问题。聪明的人会回答“1 只不剩”，不动脑筋的人会老实地回答“还剩 9 只”。但有个小孩却是这样反应的。

他反问“是无声手枪吗？”“不是。”

“枪声多大？”“80 分贝到 100 分贝。”

“在这个地方打鸟犯不犯法？”“不犯。”

“你确定那只鸟真的被打死了吗？”“确定。”

老师已经不耐烦了，“拜托，你告诉我还剩几只就行了”。

“树上的鸟有没有聋子？”“没有。”

“有没有关在笼子里的？”“没有。”

“边上还有没有其他的树，树上还有没有其他的鸟”“没有。”

“有没有残疾的鸟或饿得飞不动的鸟？”“没有。”

“算不算怀孕鸟妈妈肚子里的鸟？”“不算。”

老师已经很不耐烦，但那个孩子还在继续问。

“会不会一枪打死两只鸟？”“不会。”

“所有的鸟都可以自由活动吗？有没有鸟巢？里面有没有不会飞的小鸟？”“所有鸟都可以自由活动。”

小孩自信地说：“如果您的回答没有骗人，打死的鸟如果挂在树上没有掉下来，那么就剩 1 只，如果掉下来了，就 1 只不剩”。

3．互动思维

当我们遇到思想的瓶颈，走不出自己的思维框架时，可尝试与他人进行沟通和交流，在讨论中迸发思维的火花，从别人的思想中得到启发，获得解决问题的新思路、新方案，这就是互动思维。互动思维有助于人们克服心理障碍，使思维自由奔放，打破常规，获得新观点，激发创新性。

在一个创新团体中，互动思维是非常重要的，当一个人的头脑活跃起来并提出新想法的时候，就会对别人的头脑产生一定的刺激作用，带动大家的头脑都活跃起来，此即所谓的“头脑风暴”。头脑风暴法是由美国 BBDO 广告公司的奥斯本首创的，该方法主要由创新小组成员在正常融洽和不受任何限制的气氛中以会议形式进行讨论，打破常规，积极思考，畅所欲言，充分发表看法。

头脑风暴法的基本原则是“以量求质、延迟评判、组合运用”。头脑风暴法没有令人拘束的规则，使参与者均能自由地思考，在互动启发中进入思考的新区域，产生更多新观点或解决问题的新方法。当参与者有新观点时就大声说出来，并在他人提出的观点之上再产生新观点。将所有的观点都记录下来，但当时不进行评论。只有头脑风暴会议结束的时候，才对这些观点进行评判。这种方法主要是通过信息的碰撞，引发和加剧思维活动，打破习惯性思维的束缚，克服思想的麻木、迟钝、僵化状态，使思想获得彻底解放，使思维变得极度活跃和灵活，加快思维活动速度，提高思维活动效率。头脑风暴法正被广泛地运用于课堂教学、科学探索、集体讨论等领域。

案例 1-5　让上帝来扫雪

美国西部某供电公司，每年都会因为大雪压断供电线路而造成巨大的经济损失。一次公司召开大会讨论问题的解决方案。每年给供电线路扫雪，不仅耗费大量的人力，而且根本无济于事，问题的关键就在这儿，大家都为此感到焦头烂额。于是大家开始头脑风暴，在激烈的讨论过程中，轮到一组中的一个员工提出方案时，因为实在想不出什么好的办法，就半开玩笑地说：“我没什么办法了，若能让上帝拿个扫把来打扫就好了！”这时同组另一个员工顿时醒悟：“就给上帝一个扫把！”大家还没明白过来，他接着解释道：“让直升机沿线路飞行，直升机产生的巨大风力可以吹散线路上的积雪！”公司领导立即拍板，并给执行扫雪任务的飞机取名“上帝号”，后来经过试验还真的成功了。从此该供电公司解决了一个大难题，每年仅此一项就节约了几百万美元的开支，节省了大量的人力，创造了良好的社会和经济效益！

4. 联想思维

联想思维简称联想，是指人们将一种事物的形象与另一种事物的形象相互联系起来，通过寻求它们之间共同的或相似的规律，从而得到解决问题的思路的思维方法。联想思维是人们经常用到的一种思维方法，它是由于某种诱因导致不同表象之间发生联系的一种自由思维活动。简单来讲，联想一般是由于某事而引起的相关思考，人们常说的由此及彼、由表及里就是联想思维的体现。联想可有效地建立不同事物之间的相互联系，对人们开阔新思路、寻求新对策、谋求新突破具有重要意义。发明者通过联想能从舞剑中悟到书法之道、从蝙蝠声频中想到电波、从苹果落地发现万有引力定律。

联想思维一般离不开思维对象的感性形象。它是能动的，却不是纯主观的；是自由的，却不是任意性的。不论人们自觉不自觉，联想思维总是受着客观对象、客观条件的制约，因此它必须指向一定的方向。

联想思维通常可分为以下几种方法：

（1）接近联想。因甲、乙两事物在空间或时间上接近，并已形成巩固的条件反射，于是由甲联想到乙，而引起一定的表象和情绪反应。如听到蝉声联想到盛夏，看到大雁南去而联想到秋天到来等。人们常因见某景、睹某物、游某地、见某人，而想到与此景、此物、此地、此人有关的人和事。如见到大学老师，就想到他过去讲课的情景；老师看到学生就想到教室、实验室及课本等相关事物。

（2）相似联想。指由某一事物或现象想到与之相似的其他事物或现象，进而产生某种新设想。这种相似性可表现为事物的形状、结构、功能、性质等某一方面或某几方面。它最主要的特征是不同质的甲、乙事物之间由此及彼的类比推移。如美国工程师斯潘塞在做雷达实验时，发现他口袋里的巧克力融化了，原来是雷达电波造成的，由此他联想到用它来加热食品，进而发明了微波炉。

（3）对比联想。由某一事物的感受引起对与之具有相反特性的事物的联想。它是对不同对象的对立关系的概括。如看到白色想到黑色，由黑暗想到光明，由寒冷想到温暖等。日本索尼公司的工程师，由大彩电开始进行对比联想，制成了薄型袖珍电视机。

以上介绍了常见的四种创新思维方法，其他的创新思维方法还有很多，如类比思维、逆反思维、还原思维、系统思维等，将在后续专题中详细介绍。

能力训练

1．独立思考

本专题介绍了常用的创新思维方法，包括质疑思维、发散思维、互动思维、联想思维等，请指出下列典故或案例属于上述何种创新思维方法。

（1）睹物思人（　　　）

（2）行为有限，思域无疆（　　　）

（3）头脑风暴（　　　）

（4）学贵多疑（　　　）

2．讨论与练习

（1）在一个小镇上，只有两名理发师，他们各开有一家理发店。一天，有位外地人路过此地，想理个发，但他不知道这两名理发师谁的技术好一些。于是他便走进第一家理发店，发现这个理发师的头发七长八短。于是他又走进第二家理发店，发现这名理发师的头发整整齐齐。请问这个外地人最终会选择哪名理发师？

（2）如今，互联网已进入千家万户，渗透到我们日常生活的方方面面，请运用发散思维列出互联网的至少五个缺点，并给出你的解决思路。

3．案例分析

请认真阅读以下案例，分别说明各案例的创新之处在哪以及说明了什么道理。

（1）在一次欧洲篮球锦标赛上，保加利亚队与捷克斯洛伐克队相遇。当比赛只剩下 8 秒钟时，保加利亚队以 2 分优势领先，正常来说已是稳操胜券了。但是，那次锦标赛采用的是循环制，保加利亚队必须赢球超过 5 分才能胜出。可要用仅剩的 8 秒钟再赢 3 分，谈何容易？这时保加利亚队教练突然请求暂停。暂停后比赛继续进行，球场上出现了令人意想不到的事情，只见保加利亚队队员突然运球向自己篮下跑去，并迅速起跳投篮，球应声入网。全场观众目瞪口呆，比赛时间到。

可当裁判员宣布双方打成平局需要加时赛时，全场恍然大悟。保加利亚队这出人意料之举，为自己创造了一次起死回生的机会。加时赛的结果，保加利亚队赢了6分，如愿以偿地出线了。

（2）从前，西部有个缺水严重的边远小镇，居民要到5千米之外的地方去挑水。因此，水成了人们生活中的一大难事，缺乏劳动力的家庭就更困难了。

困难就是商机。脑瓜灵活的村民甲挑起水桶，以挑水、卖水为业，每担水卖2角钱。虽然辛苦点，但还算是一条不错的挣钱路子。村民乙见了，觉得不能让他一家独占市场，也走上挑水、卖水之路，并且将两个儿子也动员进来，很快占据了市场的大头。甲想，你家劳动力强，也不如我的脑袋瓜好用。于是他略加思索后决定，买来20副水桶，并请20个闲散劳动力，由他们挑水，自己坐镇卖水，每担水抽成5分钱。这样既省了力气，又多赚了钱。

可时间一长，这些闲散劳动力熟悉了门道，不再愿意被抽成，纷纷单干去了。于是，甲一下子成了“光杆司令”，而且此时竞争更激烈了。

但聪明人是不会被难住的。甲请人做了两个大水柜车，并租来两头牛，用牛拉车运水，每次能运40担水，效率提高了，成本却降低了，因此赚得更多了。这让其他人看得直眼红。

人们很快看到了“规模经营”的优势，于是纷纷联合起来，或用牛拉车，或用马拉车，参与到竞争中。然而，正当竞争日趋激烈时，人们突然发现，自己的水竟然卖不出去了，原因是，甲买来水管，安装了管道，让水从水源直接流到村子里，自己只要坐在家里卖水就行了，且价格大幅度下降，一下子垄断了全部市场。

Topic 2

专题二

思 维 定 势

思维导图

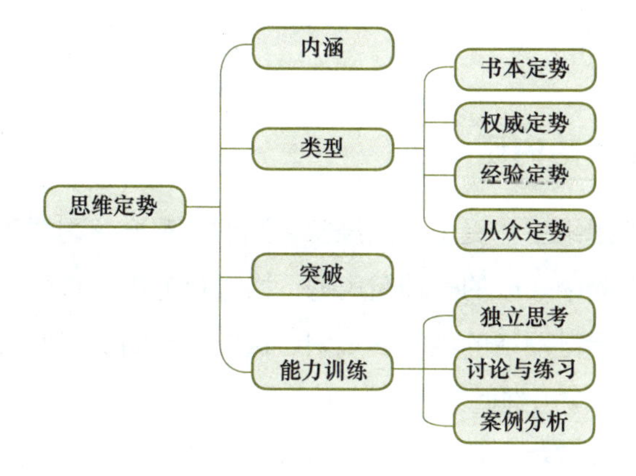

引导案例

大象的悲剧

一家马戏团突然失火，人们四处逃窜，所幸无人员伤亡。但令马戏团老板伤心的是，那头值钱的大象没能逃脱，在火灾中死去。“这怎么可能呢？拴住大象的仅仅是一条细绳和一根小木桩啊！”老板怎么也想不通。

通常，没有表演节目的时候，马戏团工作人员会用一条绳子绑在大象的后腿上，以免大象逃跑。为什么一根小小的木桩就能拴住一头力大无比的大象呢？原来在象很小的时候，人们就拿铁链锁住它的腿，然后绑在大树上。每当小象企图挣脱时它的腿就会感到疼痛，经过无数次的尝试，小象都没有成功逃脱，久而久之形成了一种腿上有捆绑物就无法逃脱的印象。虽然长大后绑在它腿上的只是一条小绳子和小木桩，但是它也不再尝试逃脱了。

案例思考

成年大象力气大到足以将一棵树连根拔起，但案例中的大象却无法挣脱细细的绳索和小小的木桩，是什么束缚住了它呢?

案例启示

大象从小就形成了无法摆脱腿上捆绑物的印象，并一直保持到长大，却没有通过尝试去发现已经变化了的情况，拴住大象的不是什么绳索和木桩，而是那种“我没法逃脱”的思维定势。

知识陈述

一、思维定势的内涵

思维定势是指思维主体受已有的经验、知识、观念、习惯和需要的影响，在思考问题时，在大脑中形成的一种惯用的、格式化的思考模型。人们在认知人或事物时，总是根据自己以往的经验、知识、认知来判断，当面对外界事物时，能够不假思索地纳入特定思维框架进行处理。

思维是一种心理现象，从心理学角度说思维定势是指思维的惯性或惰性，是思考问题时所具有的倾向性和心理准备，是“过去的思维影响现在的思维”，正如“只会使用锤子的人，总是把一切问题都看成是钉子”。思维定势总是建立在一定的社会实践基础上的，人们通过不断的学习和实践积累会逐步形成自己的生活经验和自己独有的认知客观世界的模式，形成自己独特的思考和处理问题的习惯，所以思维定势具有明显的个体性。初生的婴儿没有自己的思维定势，所以对世界万物充满好奇。

思维定势对于解决经验范围内的一般性、常规性的问题具有积极作用，它能使人们熟练地运用以往的经验，驾轻就熟，简洁、快速地处理问题，从而省去许多摸索、试探的步骤，缩短思考时间，提高效率。思维定势的这些作用也被称为定势效应。它能使人在客观事物和环境相对不变的情况下，对人和事物的认知更快速、更有效。“见月晕而知风，见础润而知雨”就是例证。刑侦警察能一眼辨认出小偷、逃犯、走私分子，能从蛛丝马迹中察觉作案人员的多方面具体情况，这正是思维定势的积极作用。但是，思维定势容易使人产生思维惰性，养成一种呆板、机械、千篇一律的解决问题的习惯，当新旧问题相似而实质有差异时，思维定势常常使人步入误区，而不利于发明创造。对于那些超出经验范围的非常规问题，对于那些需要运用新的思路和办法创造性地加以解决的问题，思维定势则是一种障碍。每个人都在不同程度上被自己的习惯和惯性思维所左右。例如：人们上班时总是习惯走一条固定的路线或是乘坐固定的某路公交车；出差时喜欢住在自己熟悉的宾馆。原因是人们相信经验，害怕改变，担心改变会给自己带来不必要的麻烦，但这种习惯往往不一定是最佳选择。在职场中，很多人不断地“跳槽”，但始终很难找到满意的单位，原因在于他们总是将之前单位的制度文化和做事风格拿到新单位来套用，所以一再碰壁。事实上很可能不是你现在的单位不好，而是你不能突破和改变之前的思维和行事方式。

创新思维的本质在于对现有思维方式的超越，阻碍思维创新的主要因素必然来自于被超越者——思维方式本身，所以思维定势是创新思维的最大障碍，阻碍新思想、新观点、新技术、新形象的形成与传播。因此，突破思维定势是创新思维的前提。

案例 2-1　可怜的骡子

一头骡子从小就在磨坊里拉磨，日复一日地绕着石磨转，勤勤恳恳。有一天，它终于老得拉不动石磨了。

主人觉得它劳苦功高，就决定把它放生到大自然中，享受自由，在绿草蓝天中度过余生。但这头骡子从来没有享受过这样的自由，从记事的时候开始，就只知道拉磨，在宽阔无垠的大草原上，骡子吃饱以后，没有任何事情可做，就围绕一棵树不断地兜圈子，直到最后死在树下。

二、思维定势的类型

当人在思考问题时，必然会将问题与头脑中所贮存的知识、信息和经验之间建立起某种联系，这种联系每发生一次，都会使其得到巩固和加强，并最终形成一种习惯性思维。这种思维如同条件反射一样，使人一碰到类似的问题时，就会自然而然地重复同样的思维套路，它阻碍人们跳出固有的思维模式，打不开思路，限制了人们的创造性思考。有人曾说过："停留在出现问题的思维水平上，不可能解决出现的问题。"如果不首先改变自己的思维定势，由简单的非此即彼的线性思维转向"复杂"的环环相扣的系统思维，那么就永远不能摆脱思维"怪圈"的阴影。阻碍创新思维的思维定势目前有多种不同的分类方法，比较普遍的是分成以下几种：

1. 书本定势

书本定势是在思考问题时不顾实际，不假思索地盲目运用书本知识，一切从书本出发，以书本为纲的思维模式。书本对人类所起的积极作用是显而易见的，但许多书本知识是有时效性的，随着社会的发展，知识是需要更新的。俗话说"尽信书不如无书"，但书本知识毕竟是前人知识和经验的总结，时代发展了，情况变化了，书本知识也可能过时了。若在书本知识与客观事实之间出现差异时，受到书本知识的束缚，死抱书本知识不放，就会形成思想障碍，失去获得重大创新成果的机会。对书本的盲目崇拜和迷信，将严重地束缚、禁锢创新思维和认知的发展。创新成果都是发现原有知识和技术的缺点或错误，并通过克服、排除其缺点或错误而取得的。

我们既要学习书本知识，接受书本知识的理论指导，又要防止书本知识可能包含的缺陷、错误或落后于现实的局限性对我们形成阻碍。诺贝尔物理学奖获得者、美国物理学家温伯格说过一段值得深思的话："不要安于书本上给你的答案，而要去尝试一下，尝试发现有什么与书本上不同的东西，这种素质可能比智力更重要，往往是区别最好的学生与次好的学生的标准。"善于学习新知识，又不盲目迷信书本，勇于对书本知识提出质疑，这是一种可贵的探索求知精神，是创造发明的萌芽。人们常说，"真理诞生于一百个问号之后"。马克思的座右铭恰好就是"怀疑一切"。

案例 2-2 盖伦书中描述的人类腿骨

古罗马时代的伟大医学家盖伦，一生写了数百本著作，确实是当时医学的最高成就，对医学的发展产生了巨大影响。但是，在以后的 1 000 多年时间里，他的成就被严重夸大化、绝对化，成为至高无上的经典，任何人都不能怀疑和违反。其中的一本书上说：人的腿骨也像狗的腿骨一样是弯曲的。后来人们从解剖实践中发现，人的大腿骨并不是弯曲的，而是直的。其实应该根据实际发现纠正盖伦的说法，但人们仍然对他的论断确信不疑，为此对新发现的事实做了这样的解释：盖伦时代人们穿长袍，腿骨的弯曲得不到矫正，后来穿裤子了，狭窄的裤腿箍住腿骨，几百年后人们的腿骨也就变直了。

2. 权威定势

在思维领域，不少人习惯引用权威的观点，不假思索地以权威认定的是非为是非，一旦发现与权威相违背的观点，就认为是错误的，这就是权威定势。人类是社会性的动物，有人群的地方就有权威，人类的社会活动也需要权威。权威是必要的，但权威定势却是创新思维的枷锁。我们应当既尊重权威，又不迷信权威，不受权威束缚。事实上权威也是会犯错误的：大发明家爱迪生曾极力反对交流电，许多科学家都曾预言飞机是不能上天的。

案例 2-3 不信权威的伽利略

古希腊哲学家亚里士多德（公元前 384—公元前 322 年）认为“物体自高空下降的速度和其重量成正比”，且被当时的科学研究人员信奉为不容更改的权威真理。1800 多年后，伽利略（公元 1564—1642 年）对这一权威论断提出了自己的质疑，指出了这一论断在逻辑上的矛盾。他指出，假如一块大石头以某种速度下降，按照亚里士多德的论断，一块小石头就会以相应慢些的速度下降。要是我们把这两块石头捆在一起，那这块重量等于两块石头重量之和的新石头，将以何种速度下降呢？按亚里士多德的论断，势必得出截然相反的两个结论。一方面，新石头的下降速度应小于大石头的下降速度，因为加上了一块以较慢速度下降的小石头，会使大石头下降的速度减缓；另一方面，新石头的下降速度又应大于大石头的下降速度，因为把两块石头捆在一起，它的重量大于大石头。这两个互相矛盾的结论不能同时成立，可见亚里士多德的论断是不合逻辑的。伽利略进而假定，物体下降速度与它的重量无关。如果两个物体受到的空气阻力相同，或将空气阻力略去不计，那么，两个重量不同的物体将以同样的速度下落，同时到达地面。尽管“比萨斜塔试验”还没有被史学家所证实，但现在大家都知道伽利略所提出的假设是正确的科学真理。所以说尊重权威是必要的，但迷信权威，就可能导致科学研究误入迷途。

3. 经验定势

人们通常将各种实践中所获得和积累的一切感受、体验、认识统称为经验。我们生活在一个经验的世界里，从幼年到成年，各种学习、生活和工作的经历都不知不觉地进入我们的头脑，形成了丰富的经验。一般情况下，经验能让我们在处理问题的过程中得心应手，但经验是相对稳定的，人们对经验的过分依赖会逐渐形成一种固定的思维模式，削弱人们的想象力和创造力，这就是所谓的经验定势。我们都希望自己有丰富的经验，以从容应对瞬息万变的现实，通过长时间的实践活动所取得和积累的经验，是值得重视和借鉴的。但常受经验定势的束缚，会使人墨守成规，不敢尝试冒险，因循守旧，失去创新能力。《伊索寓言》中“驮盐巴过河的驴子”的故事就是一个典型的案例。一头驴驮着两大包盐过河，重重的盐将它压得头昏眼花。过河的时候，它一不小心倒在水里，挣扎了半天起不来，它索性躺在水里休息了一会儿，驴感到背上的盐越来越轻，最后竟毫不费力地站了起来，驴高兴极了。后来又有一次，它驮着两大包棉花过河，想起上次过河的经验，就故意躺下身去一动不动，过一会儿后它想着，棉花一定变轻了，便要站起来，但它再也站不起来了，因为棉花吸饱水后，重量增加了许多倍。驴的悲剧就在于它未把过去的经验辨证地用在解决当前的问题上。

经验具有很大的局限性。首先是时空的局限性，有些经验只适用于某一范围、某一时期，在另一范围、另一时期则并不适用；其次是主体的局限性，经验只是人们在实践活动中取得的感性认识的初步概括和总结，并没有充分反映出事物发展的本质和规律，不少经验只是某些表面现象的初步归纳，所以说别人的经验未必适合你，各种经验交流会和学术报告中的内容需要辨证地吸收和运用；最后是偶然的局限性，由于经验受许许多多外部条件的影响，无论是个人的经验还是集体的经验，一般都不可避免地具有只适用于某些场合和时间的局限性，有些经验貌似充分合理，实际上却是片面的，有失偏颇的，具有一定的偶然性。

所谓“初生牛犊不怕虎”，是因为初生牛犊没有经验，没见过老虎，不知道老虎的厉害，把老虎当成一个普通的“侵略者”，只是本能地弓腰低头用牛角去撞。

而老虎则被这种意想不到的抵抗弄得不知所措，落荒而逃。而老牛深知老虎的厉害，遇见老虎，骨酥腿软，大多成了老虎的盘中餐。

案例 2-4 移除挡路石

古时候，某皇城的城墙在雨中崩塌了，塌下来一块巨石挡在路中央。第二天，皇上要到城里的寺庙去，必须保障道路畅通无阻。官员们四处找寻工人，要他们把石头搬走，但因下大雨道路泥泞，石头很难搬走。第二天皇帝怪罪下来可怎么办呢？

正在大家不知所措之际，有一人想到一个好的办法，在石头前挖一个大坑，把石头埋起来，于是问题得以解决。为什么其他那些急得团团转的官员没有想到这个创新性的办法呢？原因是他们的头脑中有一个固有的经验，就是清除巨石只能用滚、扛之类的方法移走。

4．从众定势

从众，是就从大众、追随大伙、随大流，这是一种最常见的思维定势。思维从众倾向比较重的人，在认知事物、判断是非时，往往随声附和，人云亦云，缺乏独立思考和创新观念。

人类是从群居动物进化而来的，群居动物必须服从群体意志，少数服从多数是维护群体意志的基本准则，个体一旦脱离群体就难以生存。通常思维上的从众会使人有一种归属感和安全感，能够消除孤单和恐惧的心理，只要从众，即使说错或做错了什么，也无须独自承担责任，正所谓“法不责众”。屈服于群体的压力、理性的从众在大多数情况下使人们不必太费脑筋就能找到处理问题的捷径。但从众思想过重的人就会缺少独立性，难以具备创造性思维能力。

每个人或多或少都有从众心理，对一些约定俗成的说法或做法，应该保持应有的判断力，既要相信“群众的眼睛是雪亮的”，又要相信“真理往往掌握在少数人手中。”在科学技术和真理问题上，往往不能用“表决”的方法实行“少数服从多数”的原则。通常“大流”所传播的都不是最新的思想、尖端的科技，大多为普及型的思想与科技常识，一些最新的概念、规律、思想、理论、技术、工艺都是个别科学家或工程技术人员首先提出来的，刚开始时往往只有极少数人能理解和接受。在掌握科技前沿情况的基础上，只有敢于不随大流、敢于独立思考、标新立异、反潮流，才能进行创新思维。

案例 2-5 牛仔裤大王

19 世纪 40 年代后期，人们在美国加利福尼亚州发现了金矿，掀起了一股“淘金热”。许多先行者一天之内成为百万富翁，吸引了更多后继者潮水般涌来。

淘金劳动使得衣料非常容易破损，人们迫切希望有一种耐穿的衣服。李维·斯特劳斯（Levi Strauss）发现这一需求，便将结实耐磨的帆布裁制成裤子卖给那些淘金工人，结果大受欢迎，结实、耐用的牛仔裤应运而生。

如果当年李维随大流投入淘金的角逐中，而不是寻找自己的突破点，那么“牛仔裤大王”恐怕就不是李维了。

三、思维定势的突破

思维定势是用过去形成的经验来衡量新的事物。人们在认知人或事时，总是根据自己以往的经验、知识、认识来判断，且在主观上有一定的定型。定势指的是对某一特定活动的准备状态，它使人以一种已有的固定看法为根据去认知一个新的事物。当然定势思维并不总是让人“上当”，它首先具有积极的作用，能帮助人们按类型来记忆事物和判断事物。头脑里积累一定的知识、经验，可以使我们在认识同一类新的事物时，更加省力，更加容易，不再需要长时间的摸索。

但是客观事物千差万别，情况又总是在变化，如果总是用“老眼光看人”，凭“想当然”办事，有时也会出错，有很多定势思维束缚住了我们，只是我们可能没有意识到。谁能突破思维定势，推陈出新，谁就能更容易成为这个时代的赢家。

习惯用老眼光看待新问题，用曾经被反复证明有效的旧观念去解释变化了的世界和新现象，这就是惰性思维。人是习惯性的动物，一种行为方式一旦形成习惯就难以改变，习惯让我们不必过多的思考就能舒适的生活，但习惯了的东西未必是最佳的选择。突破思维定势，必须克服思想的惰性，学会辨证的思维方法，学会用发展的观点看问题，打破习惯性思维，变换视角，跳出固定的思维定势。要有“初生牛犊不怕虎”的精神，敢为人先，勇于在思想解放中求创新，在创新中求变革、求发展。

人在成长过程中，受到了太多的外界评判或遭遇了过多的挫折，往往会阻碍其思维的开放和流畅，扼杀其行动的欲望，致使其生活的热情、奋斗的欲望和创新的思维遭到压制和封杀。人生的大门往往是没有钥匙的，在命运的关键时刻，人最需要的不是墨守成规的钥匙，而是一块砸碎障碍的石头。打开思维定势的“锁”、不囿于思维定势的误区，就是要开阔视野，多角度思考问题。

突破思维定势，必须掌握创新思维方法，通过创新实践活动培养自己的创新思维能力。具体的创新思维方式方法有很多，除上一个专题介绍的质疑思维、发散思维、互动思维、联想思维等，后续专题还将介绍其他一些突破思维定势的创新思维方法。

能力训练

1. 独立思考

思维定势是创新思维的枷锁，可分为书本定势、权威定势、经验定势、从众定势几种，请指出下列典故或案例属于何种思维定势。

（1）典故“纸上谈兵”属于（　　　）。

（2）《三国演义》中诸葛亮的空城计利用的是人们的（　　　）。

（3）“实践是检验真理的唯一标准”要求我们突破（　　　）。

（4）看见别人闯红灯，就跟着大家一起闯红灯，这属于（　　　）。

2. 讨论与练习

（1）一个秃头男人坐在理发店里，发型师问：“有什么可以帮助您的吗？”那个人解释说：“我本来要去头发移植的，但实在太痛了。如果你能让我的头发看起来像你的一样，而且没有任何痛苦，我将付出 5 000 元。”如果你是发型师，请问你将如何满足顾客的要求，说明你解决问题的创新点是什么。

（提示：客人只是要求与发型师的发型一样，发型师可以改变自己的造型。）

（2）下面是某电视节目的一道测试题：

1）“用 2 个 1 能组成的最大数字是什么？”“11。”“恭喜，答对了！”

2）“用 3 个 1 能组成的最大数字是什么？”“111。”“恭喜，答对了！”

3）“用 4 个 1 能组成的最大数字是什么？”“1111。”“恭喜，答错了！”

试问，正确的答案应是什么？是什么原因导致了答案的错误？

（3）我叔叔坐在屋子里读书。直到天色晚了，他还在屋子里读书。请问我叔叔是怎样读书的？有的人说他用电灯读书；有的人说他点蜡烛读书；还有的人说他借邻居的光读书……你的答案是什么？

（提示：上述答案均没有摆脱“读书得有亮光”这一个固有的思维定势。）

（4）你面前有一张很大的正方形普通打印纸，你把它从正中折叠一次，纸的面积减小一半，而厚度则增加一倍。然后，再从正中折叠第二次，纸的面积又减小一半，而厚度又增加一倍。如此连续不断地进行下去，折叠50次。请问，这张纸的厚度将达到多少？

（5）有个公安局长正在公园与人下棋，突然跑过来一个孩子，着急地对公安局长说：“你爸爸和我爸爸吵起来啦。”这时，旁人问这个公安局长：“这是你的什么人？”公安局长回答说：“是我的儿子”。请问吵架的两个人与这个公安局长是什么关系？

3．案例分析

在英国的亚皮丹博物馆中，有两幅藏画格外引人注目。其中一幅是骨髓图，另一幅是血液循环图。这两幅画出自一名叫麦克劳德的小学生。麦克劳德小时候不仅顽皮，而且充满好奇心。有一天他突发奇想，想看看狗的内脏是什么样。于是，他和几个小伙伴偷了一条狗，宰杀后，开膛破肚把内脏一件件剥离，仔细观察。然而，这条狗是校长的宠物，校长发现自己心爱的小狗被打死了，非常伤心，也非常恼火，决定给予麦克劳德惩罚。

可谁都没想到校长的惩罚竟是让麦克劳德画一张狗的骨髓结构图和一张狗的血液循环图。麦克劳德自知罪责难逃，便认真地画好了两幅图，交给校长。校长看后非常满意，认为画得很好，对错误的认识较深刻，决定不再追究杀狗事件。这样的处理方法对我们颇有启发，既让学生认识到了错误；又保护了学生的好奇心；还给学生一次学习的机会。

后来，麦克劳德成为一名著名的解剖生理学家，并和他人发现胰岛素可以控制糖尿病，为此他获得了1923年的诺贝尔生理学或医学奖。

请结合案例，分析回答以下问题。

（1）校长没有采取传统的方式惩罚麦克劳德，而是因势利导进行处理，校长的这种处理学生的思维，实质上是一种什么思维？

（2）一个小学生能画出复杂的骨髓图和血液循环图，这说明什么？

Topic 3

专题三

组合创新法

思维导图

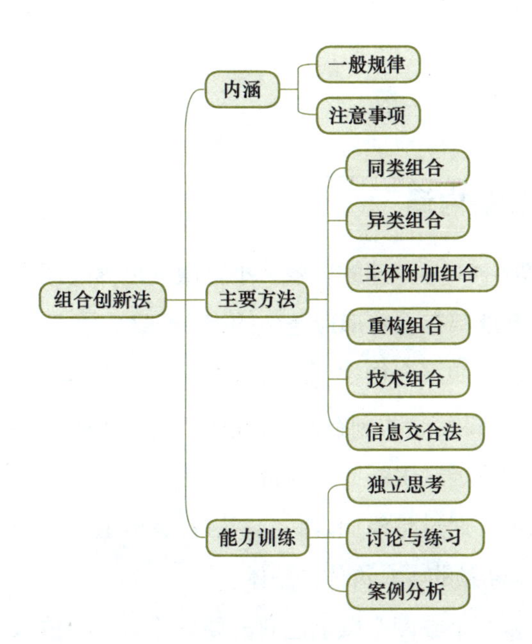

引导案例

互联网 +

“互联网 +”是现代社会推进产业转型升级的一种主动行为。那么什么是“互联网 +”呢？一般最简单的理解就是“互联网 + 某种传统行业 = 某种新的商业模式或新产品”。如互联网 + 传统商场或店铺→淘宝；互联网 + 传统商业银行→网商银行；互联网＋传统餐饮外卖→美团、饿了么等送餐服务；互联网＋医疗→互联网医院等。

案例思考

互联网已渗透到现代生产生活的方方面面。“互联网＋”是一种什么样的创新思维方法？你还能想到哪些类似的创意？

案例启示

从创新思维的角度来看，“互联网＋”实质上是将互联网思维、技术、商业模式引入传统产业，通过互联网与传统产业的有机融合，通过组合创新来优化生产要素配置，提升传统产业的生产效率，促进传统产业的升级换代。

知识陈述

一、组合创新的内涵

组合是客观世界中十分普遍的现象，小至微观世界的原子、分子，大至宇宙中的天体、星系，到处都存在着形形色色的组合现象。在日常生活中，更有众多我们大家熟悉的组合，如组合贷款、组合音响、组合家具、组合文具等，多得数不胜数。以组合为基础的组合类创新方法，也成为人们经常使用的主要创新方法，也是成功率较高的方法。这里所谓的组合，就是把多项貌似不相关的事物、思想或观念的部分或全部，通过想象加以联结，进行有机组合、变革、重组，使之变成彼此不可分割的、新颖的、有价值的整体。

组合创新就是将两个或两个以上已有的要素（事物、技术、原理、工艺、材料等）按照一定的规律或规则进行组合或重组，以获得具有统一整体功能的新产品、新材料、新工艺等的一种创新方法。

组合无处不在，巧妙的组合就是创新。在当今世界，属于首创、原创的成果很少，大多数创新成果都是采用组合类创新方法取得的。在组合创新时，组合只要合理有效，就是一项成功的创新。组合创新方法的特点是以组合为核心，把表面看起来似乎不相关的事物，有机地结合在一起，合而为一，从而产生意想不到、奇妙新颖的创新成果。组合创新的最基本要求是各组成事物之间必须按一定的规律建立某种紧密关系。一堆砖头放在一起只是一堆砖，只能算作杂乱堆放的混合物。若是按照一定的规律砌起来，就能组合成一座建筑物。也就是说，不能产生有价值的新生事物的胡乱拼凑、混合称不上组合，组合不是将研究对象进行简单的叠加或初级的组合，而是在分析各构成要素基本性质的基础上，选择其可取部分，使组合后所形成的整体具有优化和创新的特征。例如：轮子与轿子的组合产生了轿车；轮子与舟楫的组合产生了轮船。人类的许多创新成果来源于组合，正如一位哲学家所说："组织得好的石头能成为建筑，组织得好的词汇能成为漂亮文章，组织得好的想象和激情能成为优美的诗篇。"

案例 3-1　瑞士军刀

被世界各国视为珍品的瑞士军刀，被认为是迄今为止最经典的组合。其中被称为"瑞士冠军"的款式最为难得，它由大刀、小刀、木塞拔、螺丝刀、开瓶器、电线剥皮器、钻孔锥、剪刀、钩子、木锯、刮鱼鳞器、凿子、钳子、放大镜、圆珠笔等 31 种工具组合而成。携刀一把等于带了一个功能齐备的工具箱，但整件长只有 9 厘米，重只有 185 克，完美得令人难以置信。正因为如此，素以苛求著称的美国现代艺术博物馆也收藏了一把瑞士军刀中的极品。

后来瑞士军刀的生产商在国际消费电子展上推出了一款数字版的瑞士军刀，这把军刀集成了一个 32GB 的 U 盘，并整合了指纹识别认证功能。除此之外，它还集成了蓝牙模块，在连接计算机后，用户可利用刀身上的两个按钮来控制幻灯片播放，并附带了一个演讲中常用的激光灯。当然，作为一把瑞士军刀，它依旧配备了主刀、螺丝刀、剪刀和钥匙圈等工具。

对产品开发而言，可将产品看成若干模块的有机组合，只要按照一定的工作原理和逻辑规律，选择不同的模块或不同的方式进行组合（或称为综合集成），便可获得多种有价值的设计方案。

运用组合创新法时要注意以下事项：①组合要有选择性。世界上的事物千千万万，将其一样一样不加选择地加以组合是不可能的，应该选择适当的要素进行组合，不能勉强凑合。②组合要有实用性。通过组合要能提高效益、增加功能或使用的方便性，使事物相互补充，取长补短，和谐一致。例如，将普通卷笔刀、盛屑盒、橡皮、毛刷、小镜子组合起来的多功能卷笔刀，不仅能削铅笔，还可以盛废屑、擦掉铅笔写错的字、照镜子，大大增加了卷笔刀的功能，实用性很强。③组合应具创新性。通过组合要使产品内部协调，互相补充，互相适应，更加先进。组合必须具有突出的实质性特点和显著的进步，才能具备创新性。

组合的一般规律是组合体在功能上应该是 1+1 ≥ 2；在结构上应该是 1+1 ≤ 2。组合创新事物的功能应大于内部各组成事物、要素的单独功能之和。进行组合创新时，一般可以从以下几方面入手：①将不同的功能组合在一起而产生新的功能。如将台灯与闹钟组合成定时台灯，将奶瓶与温度计组合成知温奶瓶等。②将两种不同功能的物品组合在一起，增加使用的方便性。如将收音机与录音机组合成收录机。③将小东西放进大东西里面，不增加其体积。如将圆珠笔放进拉杆式教鞭里形成两用教鞭。④利用词组的组合产生新产品。如将“微型”与系列名词组合可以得到微型车、微型灯、微型电视、微型计算机……

二、组合创新的主要方法

组合创新的方法有多种形式。根据参与组合要素的性质、内容、主次及组合手段的不同，可分为同类组合、异类组合、主体附加组合、重构组合、技术组合、信息交合等多种类型。现将常用的几种组合创新方法介绍如下：

（一）同类组合创新法

同类组合也称同物组合，就是将若干相同或相近的要素进行自组。如日常生活中大家所见到的双层公共汽车、情侣伞、情侣衫、双色笔或多色笔、子母灯、霓虹灯、双层文具盒、多级火箭等。同类组合只是通过数量的变化（就像“搭积木”一样）来增加新事物的功能，它使同类产品既能保留自身的性质和结构，又相互契合，紧密联系，以满足人们的特殊需要。同类组合的模式是 $a+a=N$。简单的事物可以自组，复杂的事物也可以自组。同类组合的方法很简单，却很实用，将其应用于工业和生活产品的创新中，常常可以产生意想不到的效果。

同类组合的特点：①参与组合的对象一般是两个或两个以上相同或相近的事物，组合后与组合前相比，参与组合的对象，其基本原理和基本结构一般没有发生根本性的变化。②同类组合实质上是在保持组合对象原有功能或原有意义的前提下，通过数量的增加来弥补功能的不足或获取新的功能和意义，而这种新功能和新意义是参与组合的要素单独存在时所不具有的。如多人单车、双向拉锁、多缸发动机、双层文具盒、双体船、多层蒸锅等。

任何事物似乎都可以自组，设计难度不大，技术含量较低，但自组后的效果却相差甚远，其关键是选择哪些事物进行自组能产生新的价值。在进行同类组合时，我们要多观察那些单独存在的事物，设想单独的事物成双成对之后，其功能是否能够得到更好的发挥，或者带来新的功能。

案例 3-2　组合订书机

用订书机装订书、本、文件时，常常要钉 2 ～ 3 个钉，需要按压订书机两三次。钉距、钉与纸的三个边距全凭肉眼定位，装订尺寸不统一，质量差，工效低。有人运用同类组合的方法，将两个相同规格的订书机设计到一起，通过控制和调节中间机构，就可以适应不同装订要求，每按压一次，既可以同时订出两个钉，也可以只订出一个钉，钉距还可以根据需要进行调节。这样的订书机既保证了装订质量，又提高了效率。

（二）异类组合创新法

异类组合是指将两种或两种以上的不同领域的无主次之分的事物、思想或观念进行组合，产生有价值的新整体。异类组合的模式是 $a+b=N$。例如：维生素、糖果两者都是客观存在的事物，但是雅客 V9 将二者融合，摇身变成“维生素糖果”；冷暖空调是夏季制冷机与冬季取暖器的组合。

异类组合的特点：①被组合的事物来自不同的方面、领域，它们之间一般无明显的主次关系；②组合过程中，参与组合的事物从意义、原理、构造、成分、功能等方面可以互补和相互渗透，产生 1+1>2 的价值，整体变化显著；③异类组合实质上是一种异类求同，被组合的对象是已有的，组合的结果却是新的，以旧变新，由旧出新，具有较强的创新性。异类组合的基本原则是功能做加法，体形做减法，方便使用，节省时间、空间或费用。

案例 3-3　坦克的发明

20 世纪初第一次世界大战爆发时，有一名叫斯温顿的英国记者随军去前线采访。面对阵地战的伤亡，他向指挥官们建议，用铁皮将履带式拖拉机“包装”起来，留出适当的枪眼让士兵射击，然后让士兵们乘坐它冲向敌军。他的建议很快被采纳，履带式拖拉机穿上盔甲之后径直冲向敌人，英法士兵的伤亡大大减少。坦克就这样诞生了，它为英法联军战胜德军立下了汗马功劳。显然，坦克就是“履带车＋装甲车＋火炮”的异类组合。

（三）主体附加组合创新法

主体附加组合又称添加法、主体内插法，是指以某一特定的对象为主体，通过补充、置换或插入其他技术或增加新的附件，而得到新的、有价值的整体。例如：最初的洗衣机只有搓洗功能，之后增加了喷淋、甩干装置，使洗衣机有了漂洗和烘干功能；电风扇开始也只有简单的吹风功能，后来逐渐增加了控制摇头、定时、变换风量等装置后，才成为今天的样子；手机一开始叫“大哥大”，只有通话功能，现在附加了短信、微信、上网、照相等多种功能；在自行车上安装里程表、挡雨罩、小孩座椅后，其用途更广。

在主体附加组合中，主体事物的性能基本上保持不变，附加物只是对主体起补充、完善或充分利用主体功能的作用。附加物可以是已有的事物，也可以是专为主体附加而设计的新事物。例如：在文化衫上印上旅游景点的标志和名字，就变成了具有纪念意义的旅游商品；同样，一本著作有了作者的亲笔签名，其意义也会不同。主体附加组合有时非常简单，人们只要稍加动脑和动手就能实现。只要附加物选择得当，同样可以产生巨大的效益。智能手机不仅是现在人们追求的时尚产品，也是未来手机发展的新方向，其实智能手机就是安装了开放式操作系统的手机。

在运用主体附加组合时，首先要确定主体附加的目的，可以先全面分析主体的缺点，然后围绕这些缺点提出解决方案，再通过增加附属物来达到改善主体功能的目的。其次要根据附加目的确定附加物。主体附加组合的创新性在很大程度上取决于对附加物的选择是否别开生面，是否能够使主体产生新的功能和价值，以增强其实用性和竞争力。如照相机通过附加闪光灯拓展了其使用范围；录像机通过附加遥控器增加了其使用方便性。

主体附加组合的特点：①组合过程中主体不变或变化不大，即原有的主体功能和结构原理等基本保持不变；②附加物只是起到补充完善主体功能的作用，不会导致主体功能大的变化；③附加物可以是已有的事物，也可以是根据主体的情况专门设计的新事物；④附加物都是为主体服务的，用于弥补主体的不足。因此，在运用主体附加组合时应该全面考虑，权衡利弊，否则就会事与愿违，费力不讨好。如有的文具盒由于附加物过多，不仅价格昂贵，而且容易分散学生的注意力，以致不少老师禁止学生携带布满按键机关的文具盒到学校。

案例 3-4　色盲可识的红绿灯

许多色盲患者分不出红色、绿色，开车多半会闯红灯，所以不允许他们考驾照。但测试发现一般轻度色盲的人，对于单一而清晰的红色和绿色，是可以分辨出来的，他们只是不能分辨那些复杂而精细的中间色调。基于此，有人在现行的纯红绿颜色的红绿灯中加入一些白色有规则形状的图形，发明了一种能够让色盲患者识别的红绿灯。在红色圆形中间加入一条横着的白杠，在绿色圆形中间加入一条竖着的白杠，以此来让色盲患者进行识别，解决了红绿色盲患者无法识别普通交通信号灯的问题。

（四）重构组合创新法

重构组合简称重组，是指在同一个事物的不同层次上解构原来的事物或组合，然后再以新的方式重新组合起来。重构组合只改变事物内部各组成部分之间的相对位置关系，从而优化事物的性能。它是在同一事物上施行的，一般不增加新的要素。任何事物都可以看作是由若干要素构成的整体，各组成要素之间的有序结合是确保事物整体功能和性能实现的必要条件。如果有目的地改变事物内部结构要素的次序，并按照新的方式进行重构，以促使事物的功能和性能发生变革，这就是重构组合。

重构组合创新实质上是通过对各种事物的解构和重组来催生新物的。这种组合创新已被人们广泛运用，如传统玩具中的七巧板、积木，现在流行的拼板、变形金刚等，就是让孩子们通过一些固定板块、构件的重新组合，创造出千姿百态、形态各异的奇妙世界。组合玩具之所以很受儿童欢迎，是因为不同的组合方式可以得到不同的模型。由北京市某家具公司开发设计的新型构件家具，由 20 多种基本板件组成，通过不同的组合，能拼装出数百种款式的家具，使人们不仅可以随意改变家具的式样，还可以随意改变房间内的布局，充分体现主人的审美理念。重构组合作为一种创新手段，可以有效地挖掘和发挥现有事物的潜力，如企业的资产重组、生物工程中的基因重组、智能控制系统中的功能模块重组等。

重构组合的特点：①重构组合是在同一件事物上施行的；②在重构组合过程中，一般不增加新的东西；③重构组合主要是改变事物各组成部分之间的相对位置、顺序和关联关系。在进行重构组合时，首先，要分析研究对象的现有结构特点；其次，要列举现有结构的缺点，考虑能否通过重组克服这些缺点；最后，确定选择什么样的重组方式，包括变位重构、变形重构、模块重构等。

（五）技术组合创新法

技术组合是指将现有的不同技术、工艺、设备等技术要素进行选择、集成和优化，形成优势互补的有机整体的动态创新过程。技术组合创新是自主创新的一个重要内容，它通过把各个已有的技术单项有机地组合起来、融会贯通，集成一种新产品或新的生产工艺。例如：超声波灭菌法与激光灭菌法组合，利用“声 - 光效应”，几乎能杀灭水中的全部细菌；医院的常规检查手段 CT 实际上就是计算机技术与 X 光扫描技术的组合。现代科学技术突飞猛进，边缘学科不断兴起，各种科学技术你中有我，我中有你，呈现出一种综合化的趋势。研究表明，任何一项创新，包括根本性的重大创新，都不可能完全脱离现有的生产技术，都会尽可能多地利用已有的或成熟的技术成就。目前市场上的高新技术产品，绝大多数都是通过已有技术、工艺、方法的集成与二次应用开发实现的。

技术组合创新的特点：①参与组合的技术要素一般多为已有的成熟技术；②技术组合不是简单的技术叠加，为使不同的技术相互融通形成整体功能，通常需进行二次应用开发。

案例 3-5　阿波罗登月计划

1969 年 7 月 16 日，美国的阿波罗 11 号宇宙飞船点火升空，经 77 小时的飞行到达月球附近，开始绕月球飞行。7 月 21 日格林尼治时间 2 时 56 分，飞船指挥长尼尔·阿姆斯特朗第一个离开登月舱，踏上月球。他所说的“这一步，对于一个人来说，是很小的一步，但对整个人类来说，是一个巨大的飞跃”，已成为宇航史的名言。为了实现阿波罗登月计划，飞船的全部构件有300多万个，调动了2万家企业、120所大学实验室的42万多名研究人员，经历了多年，才把3名宇航员送到月球并成功返回地球。其成功的关键是什么呢？美国阿波罗登月计划总指挥韦伯曾经说过：“阿波罗计划中没有一项新发明的技术，都是现成的技术，关键在于综合。”

技术组合创新法可分为聚焦组合法和辐射组合法。

（1）聚焦组合法。聚焦组合法是指以待解决的问题为中心，在已有成熟技术中广泛寻求与待解决问题相关的各种技术手段，最终形成一套或多套解决问题的技术综合方案。如图3-2所示，为提升船体建造效率，通过钢结构技术、焊接技术、成型技术、切割技术、新材料技术、防腐技术、分段拼接技术等的集成与聚焦，就可形成多种以提升船体建造效率和质量为目的创新方案。

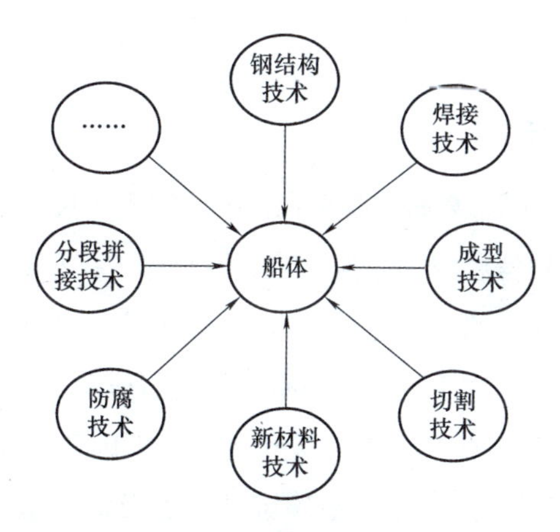

图3-2 聚焦组合

运用聚焦组合法时要注意寻求技术手段的广泛性，尽可能将与解决问题有关的技术手段包括在聚焦范围内，不漏掉每一种可能的选择，这样才可能组合出最佳的技术方案。

（2）辐射组合法。辐射组合法是指以一种新技术或令人感兴趣的技术为中心，同多方面的已有技术组合起来，成技术辐射状，从而产生多种技术创新的方法。应用这种方法可使一种新技术、新工艺或新原理形成后得以迅速而广泛地应用。如人造卫星技术研制成功后，经与各种学科技术进行辐射组合，发展了卫星电视转播、卫星通信、卫星气象预报等各种技术。以超声波技术为核心，应用辐射组合可形成多种应用（如图 3-3 所示为其部分应用）。如今，逐渐成熟的 5G 技术也正在通过广泛寻求与其他已有技术的辐射组合，以拓展其应用领域。

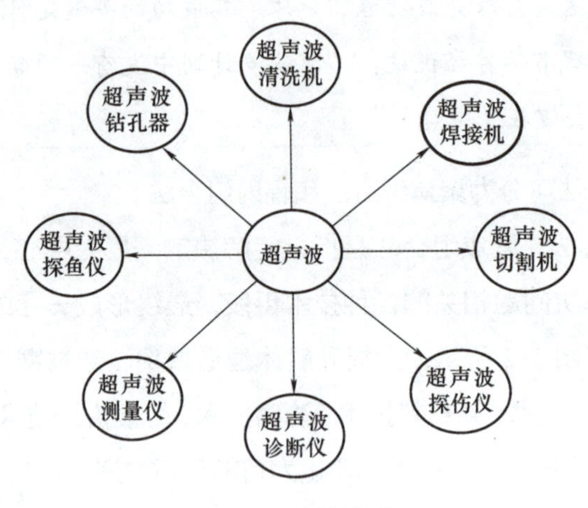

图 3-3　辐射组合

（六）信息交合法

信息交合法是由我国华夏研究院思维技能研究所所长许国泰副教授于 1983 年首创的。它是把若干种信息排列在各自的线性轴标上，将其进行交合，形成“信息反应场”，每一轴标上的各信息依次与另一轴标各点上的信息交合而产生新的组合信息。信息交合法的实质就是将现有事物进行分解，然后借助于辐射状的标线重新组合成新事物，是一种通过信息交合催生创新创意的方法。

信息交合法又可以称为“魔球法”或“信息反应场法”。所谓“魔球”是指由多维信息组成的全方位信息反应场，其中包含着信息、信息标和信息反应场三要素。所谓信息标，是指用来串联信息要素的一条指向线段。在运用信息交合法时，人们可将一个信息设定为一个要素，对于同一类型或同一系统的信息则可按要素展开，然后依照信息展开的顺序用指向线段连接起来，以帮助人们进行信息组合。信息交合法的基本内容可以表述为“一切创造活动都是信息的运算、交合、复制和繁殖的活动”。就本质而言，人的思维过程是一个动态过程，也是一个有向过程。因而，引进信息标概念，不仅有利于人们进行科学思考，而且有利于人们进行有序联想，可以使信息群的展开更具有系列性、层次性、逻辑性和完整性。信息反应场就是信息交合进行“反应”的场所。从本质上讲，任何新产品都是信息交合的产物。要想获得科学研究的成果，就必须进行信息交合，为实现这一目标，应提供一个可使信息在一起发生“反应”的场所，这个场所就是所谓的信息反应场。

1．信息的增殖现象

（1）自体增殖。自体增殖是指信息的复制现象，如录音、录像、复写、复印、基因复制等。

（2）异体增殖。异体增殖是指不同质的信息交合导致新信息产生的现象。新产生的信息成为子信息，产生子信息的信息被称为父本信息和母本信息。如以“钢笔”做母本信息，“望远镜”做父本信息，两者交合，即产生子信息“钢笔式单桶望远镜”；以“沙发”为父本信息，“床”为母本信息，相交合后，产生子信息“沙发床”。

2．信息交合法的基本原则

信息交合法作为一种科学实用的创新方法，对其运用不能随心所欲，瞎拼乱凑，而是要遵循以下原则：

（1）整体分解原则。先把对象及其相关整体加以分解，按序列得出要素。

（2）信息交合原则。以一个信息标上的要素信息为母本，以另一个信息标上的要素信息为父本，相交合后可产生新信息。各个信息标上的每个要素都要逐一与另一信息标上的各个要素相交合。

（3）结晶筛选原则。对信息交合的结果，需按照预定的目标或标准进行筛选。以新产品开发为例，在筛选时应注意新产品的实用性、经济性、易生产性、市场可接受性等。

信息交合法的特点：它是一种运用信息概念和灵活的手法进行多渠道、多层次的推测、想象和创新的方法。应用它进行创新，能将某些看来似乎是孤立、零散的信息，通过相似、接近、因果、对比等联想手段搭起微妙的桥梁，将信息交合成一项新的信息，它有着自己独特的特点，并具有系统性和实用性。

3．信息交合法的实施

人类思维活动的实质，是大脑对信息及其联系的输入反映、运行过程和结果表达，一切创新活动都是创新者对自己掌握的信息进行重新认识、联系的组合过程。把信息元素有意识地组成信息标系统，使它们在信息反应场中交合，就会引出系列的新信息组合（信息组合的物化是产品，信息组合及推导即构思），导出创新成果。信息交合法的实施一般包括以下四个步骤：

第一步，确定一个中心，即零坐标（原点）。

第二步，给出若干标线（信息标），即串联起来的信息序列。

第三步，在信息标上注明有关信息点。

第四步，若干信息标形成信息反应场，信息在信息反应场中逐一交合，引出新信息。

下面通过一些不同的情形，举例说明具体的实施方法。

（1）单信息标的情形。下面以“新式家具的设想”为例说明单信息标的具体实施方法。

先列举有关家具的信息，如床、沙发、桌子、衣柜、镜子、电视、电灯、书架、录音机等。然后，用一根标线将它们串联起来，形成一维信息标，如图 3-4 所示。

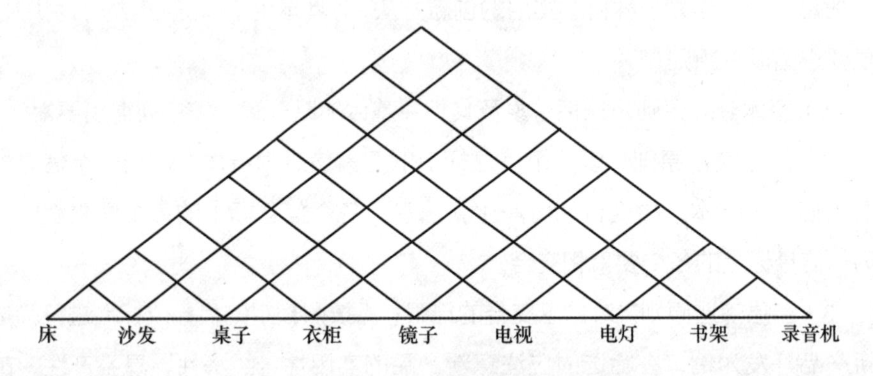

图 3-4　用单信息标提出新式家具设想

为了形成信息反应场，除头尾两个信息处只引出一条信息射线外，从其余每一个信息处引出两条信息射线，这些信息射线两两相交时会得到许多交点（对于本例有 36 个交点），获得许多子信息。

最后，分析这些子信息，按结晶筛选原则，得到一些具有实用意义的新家具创意，如沙发床、沙发桌、桌柜、穿衣镜、电视镜、电视灯、书架灯、录音机架、床头桌、沙发柜、镜桌、电视柜等。

（2）双信息标的情形。在提出新设想的过程中，若涉及的信息类型较多，用一根信息标不足以反映时，可以增加信息标。两根信息标相交可以形成一个坐标系，这时只需从每个信息处引一条信息射线出来即可进行交合了。

下面以“家用新产品设想”为例来说明双信息标交合法的实施方法。

用一根信息标串联已有家用产品信息，如台灯、风扇、电视、书桌、钢笔等。

用另一根信息标串联与此不同类型的信息，如驱蚊、提神、散热、催眠、灭蝇等。

将两根信息标相交组成坐标系，再引出信息射线形成信息反应场，如图 3-5 所示。

分析信息射线的交点，列出可能的组合信息（可以在图上标出，如“×”表示不能组合出有用的信息，“○”表示可能组合有用的信息，“△”表示已有该种组合信息），获得如驱蚊台灯、提神钢笔、清凉书桌、催眠风扇、灭蝇风扇等有用的家用新产品设想。

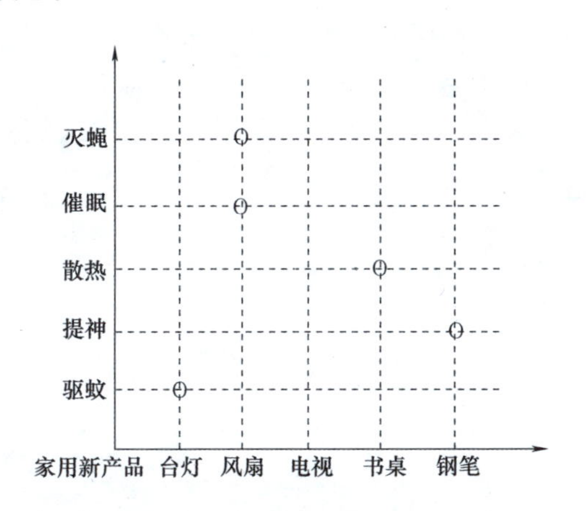

图 3-5　用双信息标提出家用新产品设想

（3）多信息标的情形。以双信息标的实施方法为核心，可将信息标从二维标发展为多维，通过多信息标的相互交合来产生新信息，下面通过例子进行说明。

北京某食品加工厂以经营德州扒鸡为主。当该厂经营无方、走投无路时，巧遇信息交合法的发明者许国泰，经他的指点，实现了该食品加工厂的转产，生产系列香肠，畅销京城。该厂推出了一系列新型香肠：PVC 砂仁鸡肉球形肠、水果肠、水产系列肠、健美系列肠、健脑系列肠、药膳系列肠、儿童营养系列肠等。如图

3-6 所示，其产品开发过程是以“香肠”为中心，用“肠衣”“肠肉”“形状”三维信息标进行交合。其中“肠肉”又分成肉禽、水产、水果、药材类。通过多信息交合，设想出上百种香肠产品。继产品开发后，该厂又运用“魔球”进行管理开发和人事开发，建立了良好的人际关系网络。

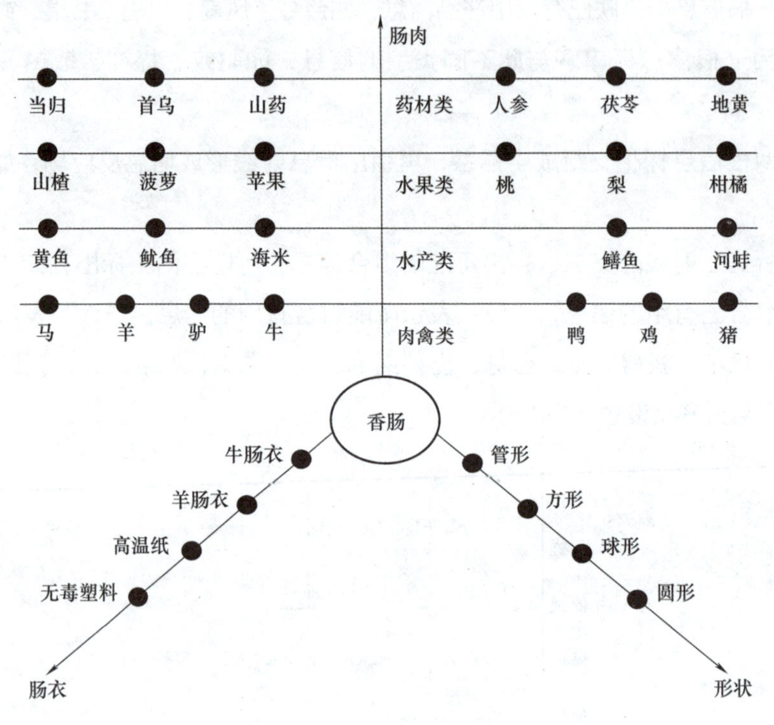

图 3-6　多信息交合法示例

能力训练

1. 独立思考

组合创新的方法包括同类组合、异类组合、主体附加组合、重构组合、技术组合、信息交合等，请指出下列案例运用了何种组合创新方法。

（1）印有标签的苹果（　　　　）。

（2）多层蒸锅（　　　　）。

（3）房车（　　　　）。

（4）中西医结合治疗法（　　　　）。

（5）变形金刚（　　　）。

（6）沙发书柜（　　　）。

2. 讨论与练习

（1）同类组合训练：成双成对当“红娘”。

第一步：请同学观察、寻找在我们周围哪些事物是单独的或处于单独使用的状态。

第二步：主持人先选取5种单独事物，写在黑板上。

第三步：请同学们分组讨论，将这些原来单独存在或单独使用的事物进行自组，分析进行同类组合后能否产生新的功能或有新的价值。

第四步：组织各组同学汇报组合成果。

（操作说明：考虑同物自组能否实现、怎样实现，这是当好“红娘”的关键所在。）

（2）主体附加组合创新训练。

第一步：主持人给出类似于梳子、水杯、桌子、手机、黑板等事物。

第二步：主持人要求同学分组讨论，在保留这些事物主体功能不变的情况下，加上其他附加物，以扩大其功能，把结果制成表格，填写自己的创新设想。

第三步：主持人组织学生汇报组合成果。

（操作说明：主持人应与学生一起有目的、有选择地确定主体。应引导学生全面分析主体的缺点，引导学生思考能否在不变或略变主体的结构或功能的前提下，通过增加附属物克服或弥补主体的缺陷；也可以引导学生对主体提出种种希望，引导学生思考能否通过增加附属物，来实现对主体寄托的希望；还可以引导学生分析能否利用或借助主体的某种功能，附加一种别的东西使其发挥更大的作用等。）

（3）信息交合法创新训练。

第一步：主持人宣布活动主题——用信息交合法，提出一种新式“多功能笔”的设计创意。

第二步：请同学们实施信息交合法：①定中心（确定一个中心，即“笔”）；②画两条相互垂直的标线；③标注信息（如在横向标线上标注出“笔”的母本信息——钢笔、毛笔、圆珠笔、铅笔等；在纵向标线上标注出父本信息——音乐、历史、数学、电子表、指南针等）；④进行信息交合。

第三步：请学生分组汇报第二步完成后的结果。评选出最佳成果 3 ～ 5 项，并将信息交合图画在黑板上。

第四步：每组选取一最佳信息交合图，并选出最佳“新式多功能笔”的设计创意 1 ～ 3 项。

第五步：各组择优汇报各自的新式“多功能笔”创意至少 1 个。主持人组织全班学生评选最佳新式多功能笔创意 2 ～ 3 项。每人从中选取自己最喜欢的一项，进行改进后书写“新式多功能笔”创新设计创意。

（说明：信息交合法的关键是交合，考验学生的细心和耐心。主持人可以适当延长第四步的学生练习时间，以便取得显著效果。）

3. 案例分析

我国云南哀牢山彝族人民将火药、铅块、铁矿石碴、铁锅碎片等物放入一个掏尽籽的干葫芦里，在葫芦颈部塞入火草作为引火物，把葫芦装进网兜，称为“葫芦飞雷”。这就是最早的手榴弹。请说明本案例所采用的组合创新方法是什么？

Topic 4

专题四

类比创新法

思维导图

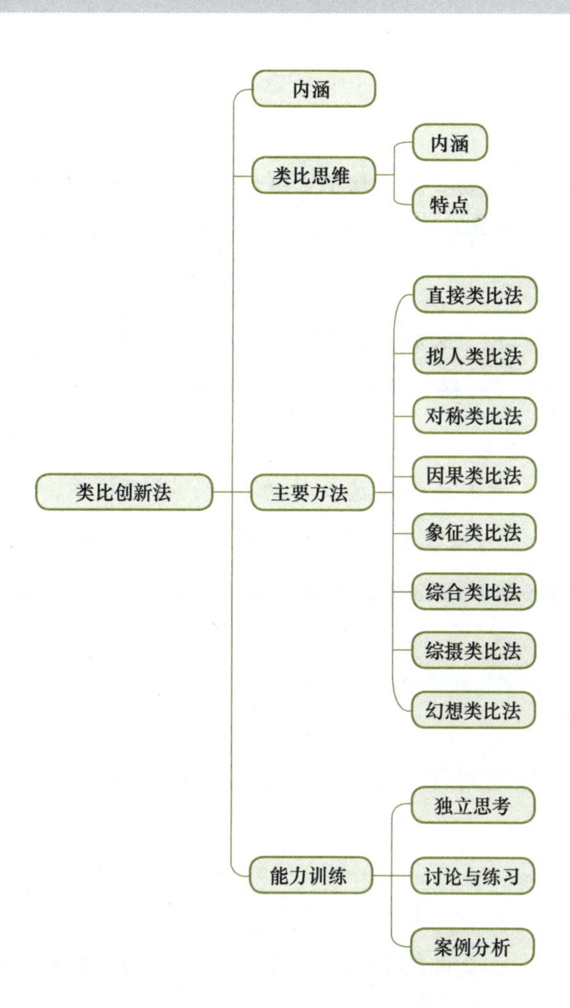

引导案例

可口可乐瓶子的由来

可口可乐瓶子的由来与美国妇女的脚伴裙有关。20世纪初，美国妇女流行穿脚伴裙，这种裙子在膝盖附近稍微变细，穿上它可以显示女性腿臀部的曲线美，成为当时很受美国妇女欢迎的时装。在印第安纳州，有一名叫凯普曼·路德的青年人陪女朋友一同外出购物，两人走着走着，突然，路德对女朋友说："停一下！"女朋友以为发生了什么事，马上站在原地不动。

"你今天穿的脚伴裙实在太漂亮了。"路德边打量边说，"我有个想法，如果按照脚伴裙的形状去制造瓶子，而后卖给可口可乐公司，公司老板一定会非常欢迎的！"

"可口可乐公司不是有专用瓶子吗？"路德的女朋友说，"我前天还买过可口可乐呢！"

"是的，可口可乐最初是倒在杯子里出售的，后来改用瓶装，但是由于瓶子的形状不受顾客欢迎而影响了销路，这家公司正在为瓶子的式样而煞费苦心呢！"路德说。

"那你赶快设计吧！"女朋友终于明白了路德的意图。

路德立即照脚伴裙的样子画了一幅瓶子设计图，并在专利局申请了专利，而后带到了可口可乐公司。

可口可乐公司负责人认为路德设计的瓶子，外形美观，又不容易从手中滑下去；看起来很粗大，好像容量很多，底部宽大，令人有一种安全感。通过试用，结果可口可乐大为畅销。1923年，可口可乐公司以550万美元的价格，收购了路德的这一专利。

案例思考

脚伴裙与饮料瓶之间有什么联系？有何相同和不同之处？你还能想到哪些类似的创意？

案例启示

脚伴裙能有效展示女性的身体曲线美，发明者通过异中求同、由此及彼的联想和类比，按照脚伴裙的形状设计出了美观、防滑、安全的可口可乐瓶。

知识陈述

一、类比创新的内涵

类比是通过比较寻找不同事物或现象之间在一定关系上的部分相同或相似规律的过程。通过两个或两类对象之间某些方面的相同或相似推演出其他方面的相同或相似的方法称为类比法。

世上万物千差万别，但并非杂乱无章，它们之间存在着不同程度的相近和类似。有的是本质类似，有的是构造类似，有的也可能只是形态或表面的类似。

类比是以比较为基础的。人们在探索未知世界的过程中，可以借此将陌生的对象与熟悉的对象、未知的对象与已知的对象进行对比。推而广之，许多在本质上虽不同的现象，只要它们符合某些相似的规律，往往就可以运用类比法来研究。由此物及彼物、由此类及彼类，可以启发思路、提供线索、触类旁通。正如康德在其《宇宙发展史概论》一书中所说的“每当理智缺乏可靠论证的思路时，类比这个方法往往能指引我们前进。”

所谓类比创新法就是从已经存在的自然物品或事实中，经演绎推理、改进拓展得到新的物品或事实的一种创新思维方法。

类比创新的实质是一种确定两个或两个以上事物间同异关系的思维过程和方法，即根据一定的标准尺度，将几个彼此相关的事物加以对照，根据事物的内在相似性进行创造。类比创新法的最大优点是可使发明者利用某一事物的特征，通过已知事物与创造对象的类比推理来实现自己想要创造的目标，创造出新成果。

事物间的联系是普遍存在的，正是这种联系，使我们的思维得以从已知引向未知，变陌生为熟悉。发明创造所追求的通常是新颖、未知的事物，应该是人们暂时还陌生和不了解的。为此，需要借助现有的知识与经验或其他已经熟悉的事物作为桥梁，通过联想和类比，获得借鉴启迪，这就是相似联想和类比推理在创新中的非凡作用。

案例 4-1　谢皮罗的新发现

美国麻省理工学院谢皮罗教授在放洗澡水时发现，水流出浴池时总是形成逆时针方向的漩涡。这是什么原因呢？有专家告诉他其旋向与地球自转有关。由于地球自西向东不停地旋转，导致北半球的洗澡水总是逆时针方向流出浴池。在明白浴池水流旋向的原理后，谢皮罗教授类比，联想到了台风的旋向问题，并进行了类比推理，他认为北半球的台风是逆时针方向旋转的，其道理与洗澡水流出的原理类似，他还断言，如果在南半球，情况则恰恰相反。谢皮罗有关台风旋向问题的论文发表后，引起了科学家们的极大兴趣，并通过大量的观察和实验证明了谢皮罗教授的推断是正确的。

二、类比思维的内涵及其特点

类比思维是指将一种（类）事物与另一种（类）事物进行对比，以大量的联想为基础，以不同事物间的相同或相近为纽带，比较两个（类）不同事物在某些方面的相同或相似，推理出其他方面的相同或相似的思维方法。它具有联想、启发、假设、解释和模拟等多种功能，具有从一个特殊领域的知识过渡到另一个特殊领域知识的优越性，对创意主体的灵感和直觉思维的产生具有不可忽视的作用。

类比思维是一种或然性很大的逻辑思维方式，其创意性表现在通过类比已知事物开启创意未知事物的发明思路，隐含有触类旁通的含义。在探索未知世界过程中，许多在性质上虽不相同的事物，只要服从相似规律，就可运用类比思维进行研究。

类比思维具有激活想象力、启发性和提高猜想可靠度等特点。

（1）激活想象力。类比思维通过类比联想能充分激发创造主体的想象力，并使想象保持正确的方向，适当的类比会促进合理联想的产生。

（2）启发性。类比具有巨大的启示功能，能为创造者提供较为具体的线索，尤其是当创造对象的有关材料还不足以进行系统的归纳和演绎推理的时候，类比能起到“开路先锋”的作用。在创造过程中，往往一个问题的机理弄清了，就可为类似的一大批问题的解决提供合理的启示。

（3）提高猜想可靠度。类比思维在形成和提出假设时往往起着重要的加强作用。在创造过程中，人们总希望提出可靠性较高的假说来解释未知的现象和难题，从而缩短探索的时间。依靠类比推理，利用已确证的知识推广到与之类似的领域或对象上去，可大大提高假设的可靠度。

三、类比创新的主要方法

经过长期的创新实践，人们逐渐将类比创新方法按类比对象和类比方式不同进行分类整理，形成了直接类比、拟人类比、对称类比、因果类比、象征类比、综合类比、综摄类比、幻想类比等多种类比创新方法。

（一）直接类比法

直接类比就是从自然界已有事物中寻找与创新对象相类似的东西直接进行比较，从已知事物的变化中推导出另一种未知事物应当具有的变化规律的一种创新方法。如古代能工巧匠鲁班发明锯子就是从草叶割破手指而得到的启发；要设计一种水上汽艇的控制系统，人们可以将它同汽车类比，汽车上的车灯、喇叭、制动器等控制方式皆可经适当改造后用于汽艇；武器设计师通过分析鱼鳃启闭的动作，设计出机枪的自动机构；有人从落地风扇的升降支脚想到了升降式篮球架，又从升降式篮球架想到了折叠式篮球架；机械师从农用水车受到启发，设计了埋刮板输送机。直接类比简单、快速，可避免盲目思考，且参与类比的对象的本质特征越接近，则创新的成功率就越高。

案例 4-2　听诊器的发明

听诊器是1816年由法国医师林奈克发明的。当时，林奈克为一位胸痛的病人看病，他将耳朵贴于病人的胸前，但是病人肥胖的胸部隔音效果太强了，听不到从内部传出来的声音。林奈克非常懊恼，他到公园散步也在思考这个问题。正好看见两个小孩蹲在一条长木梁两端游戏，一个小孩在一端轻轻地敲木梁，另一个小孩在另一端贴着耳朵听，虽然敲者用力轻，可是听者却听得极清晰，如图4-1所示。受到该游戏的启发，林奈克思路顿开，他返回医院用纸卷成圆锥筒，将宽大的锥底置于病人的胸部，耳朵贴着圆锥筒的小端倾听，他惊奇地发现可以听到病人胸腔内的声音了。

经过多次试验，林奈克分别用金属、纸、木材等材料制作成棒或筒，最终做成了长约30厘米、中空、两端各有一个喇叭形的木质听筒，使他能诊断出许多不同的胸腔疾病，他也被后人尊称为胸腔医学之父。

图 4-1　听诊器的发明

1840年，英国医生乔治·菲力普·卡门对林奈克发明的单耳听筒进行了改良，将两个耳栓用两条可弯曲的橡皮管连接到可与身体接触的听筒上，听筒是一个中空镜状的圆锥。经卡门改良后的听诊器可让医生听诊静脉、动脉、心、肺、肠内部的声音。

（二）拟人类比法

拟人类比又称感情移入、角色扮演，是指创造主体将自己设想为创造对象的某个要素，并设身处地地进行想象和创造。想象当我是这个要素时，在所要求的条件下会有什么感觉或会采取什么行动。

比利时某个公园，为保持园内优美整洁的环境，将垃圾箱进行了拟人化设计，当游人将废弃物扔入垃圾桶时，它会说“谢谢！”由此引发了游人的兴趣，不但乱扔垃圾的现象少了很多，甚至有些游人还专门捡起地上的垃圾放入桶内。

在设计橘汁分离器以前，设计人员将自己想象成一个橘子里的橘汁。然后问道：“我怎样才能从橘子里出来呢？显然要冲破橘子皮的包围。”“怎么冲破呢？”回答是：“通过压榨，给我加大压力，让我有力气挤破橘子皮；通过加热或降温使橘子皮强度减弱，以便容易挤出；也可以用旋转的办法，通过离心力增加力量，冲出橘子皮等。”

在机械设计中“拟人化”的构思常会收到满意的效果。如挖土机就是模拟人体手臂的动作来设计的。它的主臂如同人的上下臂，可上下弯曲，挖头如同人的手掌，可插入土中，将土抓起。机器人的设计也主要是从模拟人体动作入手的。

（三）对称类比法

自然界和人造物中有些事物或现象具有对称的特点，可以通过对称类比的方法进行创新，发明创造新的东西。

英国物理学家狄拉克从描述自由电子运动的方程中，得出正负对称的两个能量解。一个能量解对应着电子，那么另一个能量解对应着什么呢？狄拉克基于对称类比的思想提出存在正电子的假设，结果该假设后来被实践证实了。

（四）因果类比法

两个事物的各种属性之间可能存在着同一种因果关系。因果类比法是根据已经掌握的事物的因果关系与正在接受研究改进对象的因果关系之间的相同或相似之处，去寻求创新思路的一种类比方法。发明家从面包中加入发泡剂会使面包体积增大这个特征中受到启发，在合成树脂中加入发泡剂，得到了轻质、隔热性能和隔音性能均良好的泡沫塑料，又有人利用这种因果关系，在水泥中加入一种发泡剂，结果发明了既质轻又隔热、隔音的气泡混凝土。医药公司员工为解决牛黄供应不足的问题，集思广益，终于联想到了“人工育珠”，那些河蚌经过人工将异物放入它的体内能培育出珍珠，那么通过人工将异物放入牛胆内也应该同样能培育出牛黄来。他们设法找来一些伤残的菜牛，把一些异物埋于其胆囊里，一段时间后果然从牛的胆囊里取出了和天然牛黄近似的人工牛黄。

案例 4-3 锯子的发明

相传有一年，鲁班接受了一项建造一座巨大宫殿的任务。这座宫殿需要很多木料，他和徒弟们只好上山用斧头砍木，当时还没有锯子，效率非常低。一次上山的时候，由于他不小心，无意中抓了一把山上长的一种野草，却一下子将手划破了。鲁班很奇怪，一根小草为什么这样锋利？于是他摘下了一片叶子来细心观察，发现叶子两边长着许多锋利的小细齿。后来，鲁班又看到一只大蝗虫在一株草上啃吃叶子，两颗大板牙一开一合，很快就吃下一大片叶子。鲁班在好奇心驱使下抓住一只蝗虫，仔细观察蝗虫牙齿的结构，发现蝗虫的两颗大板牙上同样排列着许多小细齿，蝗虫正是靠这些小细齿来咬断草叶的。受两件事的启发，鲁班最初用大毛竹做成一条带有许多小锯齿的竹片，然后到小树上去做试验，结果果然不错，几下子就把树干划出一道深沟，但是由于竹片比较软，强度比较差，不能长久使用，拉了一会儿小锯齿要么断了，要么变钝了，需要更换竹片。后来鲁班想到了铁片，便请铁匠帮助制作带有小锯齿的铁条。鲁班和徒弟各拉一端，在一棵树上拉了起来，不一会儿就把树锯断了，又快又省力，锯子就这样发明了。

（五）象征类比法

象征是一种用具体事物来表示某种看不见、摸不着的抽象概念或思想感情的表现手法。象征类比法是指以事物的形象或能抽象反映问题的符号或词汇来比喻问题，间接反映或表达事物的本质，以产生创造性设想的方法。在创造性活动中，人们有时也可以赋予创造对象一定的象征性，使它们具有独特的风格。

象征类比是直觉感知的，针对待解决的问题，用具体形象的东西做类比描述，使问题形象化、立体化，为创新开拓思路。如生活中我们常用玫瑰类比爱情、玉兰类比纯洁、绿叶类比生命、大炮类比强权与战争、化石代表远古、书籍代表知识、婴儿代表希望、日出代表新生、钢铁代表坚强、蓝色代表大海等。

象征类比在建筑设计中应用甚广。如设计桥梁可赋予“虹”的象征格调；设计纪念碑、纪念馆应赋予“宏伟”“庄严”的象征格调；相反，设计咖啡馆、茶楼、音乐厅就需要赋予它们“艺术”“优雅”的象征格调。例如：上海金茂大厦则是融合了多重象征含意：其外形像竹笋，象征着节节攀升；像宝塔，富有民族气息；像一支笔，在蓝天描绘着未来。

（六）综合类比法

事物属性之间的关系虽然很复杂，但可以综合它们之间相似的特征进行类比。例如，现在盛行的各种正式考试前的模拟考试，通常是出一张试卷，其中综合了将来正式考试中可能会出现的题型、知识点、题量和难度以及考生可能出现的竞技心态，通过模拟考试使考生对正式考试的各种情景有所了解，并能对自己的准备程度做出评价，然后有针对性地做好进一步应考的准备。

空气中存在的负氧离子可使人延年益寿、消除疲劳，还可辅助治疗哮喘、支气管炎、高血压、心血管病等。负氧离子在高山、森林、海滩湖畔等自然环境处较多。

后来通过综合类比法，人们创造了水冲击法产生负氧离子，之后采用冲击原理，成功创造了电子冲击法，发明了目前市场上销售的空气负离子发生器。

在大型装备研发过程中，也通常根据设计方案，建造模拟装备，通过对设备形貌、结构、功能等方面的模拟试验来检验设计方案的可行性，如飞机和航天器设计中常用的“风洞试验装置”、船舶装备改造试验中的“航海模拟器”和“轮机模拟器”等。综合类比法也常出现在国家公务员考试行政职业能力测验题中，以此来测试应试者的逻辑类比推理能力。

案例 4–4　国家公务员考试行政职业能力测验题

①国家：政府：行政相当于（　　）。

A. 公司：经理部：经理　　　　B. 野战军：作战部：参谋

C. 董事会：经理部：职员　　　D. 总司令：军官：命令

思路：政府代表国家行使行政职能。

②电子政务对于纸张相当于（　　）对于（　　）。

A. 电子邮件　信封　　　　B. 网络歌手　歌迷

C. 网上购物　现金　　　　D. 计算机游戏　软件

思路：电子政务大大减少了纸张的使用，那么网上购物也大大减少了现金的使用，两者间具有相同的逻辑关系。

③阳光：紫外线相当于（　　）。

A. 电脑：辐射　　　　B. 海水：氯化钠

C. 混合物：单质　　　D. 微波炉：微波

思路：阳光与紫外线、海水与氯化钠的关系都是整体与组成部分的关系。

（七）综摄类比法

人类的知识已庞大到惊人的地步，这就驱使人们去开发各种高效率利用知识的方法，以求充分发挥人的潜在创造能力。1944 年，由美国麻省理工学院教授威廉·戈登提出了一种利用外部事物启发思考、开发创造潜力的方法，称为综摄类比法。

综摄类比法以已知的事物为媒介，将表面看起来毫无关联、互不相同的知识要素综合起来，打开“未知世界的门扉”，勾起人们的创造欲望，使潜在的创造力发挥出来，产生众多的创造性设想。它是一种高效率利用知识的设计创新方法，是一种旨在开发人的潜在创造力的思维方法。

综摄类比法的基本思路是在构思创意方案时，对将要研究的问题进行适当抽象，以开阔思路，扩展想象力。将问题适当抽象，要根据激发创意的多少，逐步从低级抽象向高级抽象演变，直到获得满意的改进方案为止。这种做法，国外称之为抽象的阶梯。

案例 4-5 输油冰管

有一年，一支南极探险队准备在南极过冬，他们用船舶从国内运来了汽油，准备用输油管道将这些汽油送到设在南极的基地。可是，由于事先计划不充分，他们在实际操作中发现，从国内带来的输油管道总长度不够，根本无法从船上连接到基地，在南极也没有备用的管子，如果当时再回国运，时间最快也要两个多月。这可怎么办呢？这个问题真把所有人难住了，大家一时也想不出什么好办法来。队长向国内请示，并准备返程。有一名队员在喝水的时候，无意中把水泼洒在一张卷成筒状的报纸上，在南极的低温环境条件下，自然很快就结成了冰。另一名队员恰好拿起了这张报纸，发现它非常坚硬而且光滑。这位队员突然灵机一动，找到探险队队长说：“我有办法找到备用的输油管了。我们用冰做管子吧！”最后探险队员利用绷带做成了输油冰管。

综摄类比法的运用有助于发挥人类潜在的创造能力，它有如下两个基本原则：

（1）异质同化。新的发明大都是现在所没有的，人们对它是不熟悉的；然而人们却非常熟悉现有的东西。在创造发明不熟悉的新东西的时候，可以借用现有的知识来进行分析研究，启发出新的设想，这就叫异质同化。例如，在发明脱粒机之前，谁也没有见过这种机械，要发明这样一种机械，就要通过当时现有的知识或熟悉的事物来进行创造。脱粒机实际上是一种使物体分离（将稻谷从稻穗分离出来）的机械，可以使稻谷和稻穗分离的方法有很多。有人根据使用雨伞尖顶冲撞稻穗，把稻谷从稻穗上脱落下来的创造性设想，发明出一种带尖刺的滚桶状的脱粒机。又比如人们根据 PTC 半导体陶瓷片的发热原理，设计出了电蚊香器。

案例 4-6　巧妙的找水办法

网络上有一个讲述卡拉哈里沙漠的马卡拉人借助狒狒寻找水源的视频。马卡拉人经常因缺乏生活用水而大伤脑筋，但他们发现当地的动物——狒狒却照样生活得很好。可以肯定的一点是，没有水，狒狒是无法生活的，这说明狒狒能找到水源。于是马卡拉人就用“连环计”让狒狒向人们“报告”水源在什么地方。“连环计”是这样把以下这些事情联结起来的：诱捕狒狒→给狒狒喂盐→狒狒口渴→放走狒狒→狒狒奔向水源→跟踪狒狒→找到水源。人类无法找到水源，但是人类却懂得怎么借助狒狒当“向导”去找水源，从而达到目的。这样的思考方法就是综摄法的异质同化。

（2）同质异化。对现有的各种发明，运用新的知识或从新的角度来加以观察、分析和处理，启发出新的创造性设想，就称为同质异化。对待熟悉的事物要有意识地视作不熟悉，用不熟悉的态度来观察分析，并依照新的知识和技术进行研究，从而启发新的创造设想。例如：热水瓶大家都很熟悉，将它改成水杯大小，就成了保温杯；将电子表装在笔中，就出现了电子计时笔；自行车加上二维码，融入互联网技术，成就了共享单车。

事实证明，我们的很多发明创造，还有文学作品，都是受日常生活和事物启发而产生的灵感。这些事物，从自然界的高山流水、飞禽走兽，到各种社会现象，甚至各种神话、传说、幻想、电视节目等，比比皆是，范围极其广泛。

综摄类比法作为一种创造技法虽然诞生于美国，但早在 1921 年，我国著名学者梁启超在《中国历史研究法》一文中，就提出：“天下古今，从无同铸一型的史迹，读史者与同中观异，异中观同，则往往得新理解。”这里讲的“同中观异，异中观同”正是综摄类比法的精髓。

（八）幻想类比法

幻想类比法是在创新思维中用超现实的理想、梦幻或完善的事物类比创新对象的创新思维法。发明者在发明创造中，通过幻想类比进行一步一步的分析，从中找出合理的部分，从而逐步达到发明的目的，设计出新的发明项目。科幻小说、童话故事及卡通动画片反映了人类美好的愿望，是人类丰富想象力的重要表现形式。虚构的科幻影视作品中的运载工具和对抗武器，将来也许会从幻想变成现实。

西方社会有一个“愚人节”，在这一天里，人们可以任意取乐。某年，有人开心地说把牛体内的基因移植到番茄上，咬一口通红的番茄，就会有香喷喷的牛肉味。猎奇的记者把这一“戏言”作为取悦人们的新闻报道出来。说者无意，听者有心。谁也没想到，一些科学家却认为这在理论上说得通，而且认真地进行了研究。加拿大生物学家丹·莱弗伯夫博士经过努力，成功地把哺乳动物体内的基因移植到植物上，跨越了动植物之间基因移植的鸿沟。

爱因斯坦年轻时构思相对论问题时曾想：如果以光速追随一条光线运动，会发生什么情况呢？这条光线会像一个在空间中振荡着而停滞不前的电磁场，正是这一幻想类比，打开了“相对论”的大门。哲学社会科学中的“理想现实”同样都包含着许多幻想类比因素，甚至古今中外思想家关于人类社会种种“理想模式”的构想，也包含着许多幻想类比因素。

能力训练

1．独立思考

类比创新的方法有直接类比、对称类比、拟人类比、因果类比、象征类比、综合类比、综摄类比、幻想类比等多种方法。请指出下列案例运用了上述何种类比创新方法。

（1）冰雕、沙雕和草雕（　　　）。

（2）汽车驾驶模拟器（　　　）。

（3）会弹钢琴的机械手（　　　）。

（4）农机师观察机枪连射后发明了机枪式播种机（　　　）。

（5）科学家受水沸腾产生蒸气的启发而发明了蒸汽机（　　　）。

2．讨论与练习

（1）要设计一种开罐头的新工具，从“开”这个词出发，看看有多少种“开”法，如打开、撬开、剥开、撕开、拧开、揭开、破开等，请大家选择其中至少一种开法，运用拟人类比法设计出开罐头新工具的设计方案。

（2）有人曾以小组形式讨论自动售货机的设计。设计要求：售货机的出货口必须在发货时自动张开，用完后自动闭合。自然界中有哪些活动像售货机设计要求的那种运行方式？小组成员讨论的意见如下：

A：蚌从它的外壳中伸出脖子……又缩回去紧紧关上外壳。

B：是这样，但蚌壳是一种皮骨骼，蚌的实际部分，即蚌的实际组织是在内部。

C：那有什么不同呢？

A：蚌没有自我清扫的功能，只是缩进蚌壳有保护作用。

D：还有别的类比吗？

E：人的嘴如何？

B：人的嘴能做什么？

E：嘴里的任何东西都可以吐出来……有时候吐东西时会有部分滴到下巴上。

A：能否训练嘴吐物时不弄脏下巴呢？

D：我小时候是在农村长大的，常常和马在一起。当马拉粪时，它的肛门会张开，然后排出马粪球，之后，肛门又重新闭合，整个过程干净利索。

E：如果马腹泻会怎么样？

D：当马吃的谷物过量时，就会发生这种情况。但马会在很短的时间内收缩肛门，在瞬间挤出液体，然后又关闭肛门。

B：你描述的是一种塑性运动。

D：我推测可以用塑性材料来模拟马的肛门。

后来，自动售货机研制小组受此启发创制了一种和上述类比特性完全相同的产品。

以上自动售货机的小组讨论过程与结论采取了何种类比方法？你受到了哪些启发？

3．案例分析

（1）一次偶然的机会，老鼠掉进了氟碳化合物溶液里，但是它却没有被淹死。这一奇怪的现象引起了科学家的注意，经过分析研究，发现氟碳化合物能溶解和释放氧气和二氧化碳，这与血液里的红细胞能输送氧气和二氧化碳的原理很相似。于是科学家利用氟碳化合物溶液制成了“人造血”。

请说明上述“人造血”发明过程的逻辑思路，并说明所采用的创新思维方法。

（2）德国人约翰内斯·古登堡 1455 年发明了世界第一台铅活字印刷机（用铅活字、脂肪性的印刷油墨、印刷机印制书籍）。他的发明主要是基于以下两项当时已有的技术。

古登堡居住在德国著名的葡萄酒酿造城市美因茨。当地的葡萄酒制造者采用一种手动操作的垂直螺旋压榨机，成规模地榨取葡萄汁。当地造纸者也使用螺旋压榨机挤压浸泡后亚麻、大麻或棉花里的水。古登堡脑海中灵光一闪，想象着不是把液体从纸里压出来，具体而言，是把墨水压进去。

古登堡的父亲是一名金匠，在当地一家造币厂工作，负责评估硬币的品质。当时的硬币都是本地工匠手工铸造的，所以硬币形状和浮雕都参差不齐。古登堡心想，能否把这些流通的硬币真正统一化，把表面的图案替换成字母。不同的字母通过特定的组合也可以拼出特定的单词。如果能大量制造这些精确的字母块，就可以在印刷机上安放这些字母块，通过不断更换它们的位置，来印制不同的文稿。

请说明古登堡发明铅活字印刷机的思路，并说明其所采用的创新思维方法。

Topic 5

专题五

仿生创新法

思维导图

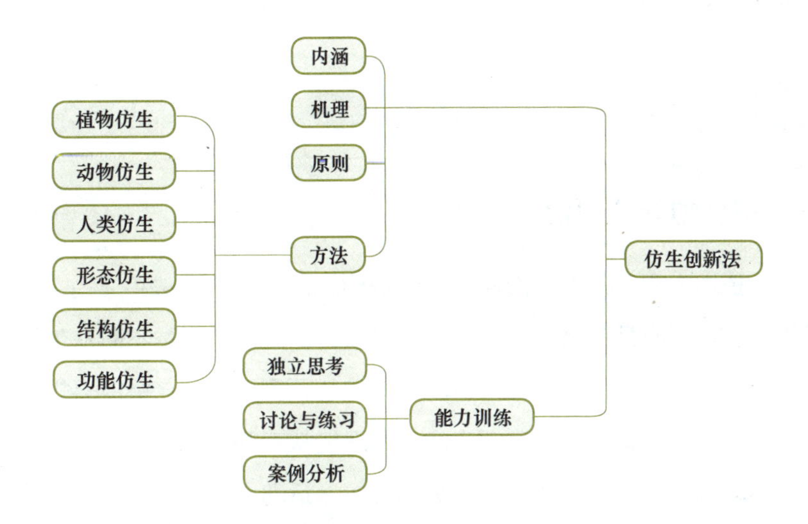

引导案例

“鲨鱼皮”泳衣

鲨鱼皮肤表面粗糙的V形皱褶可大大减少水流的摩擦力，使身体周围的水流更高效地流过，从而帮助鲨鱼快速游动。鲨鱼皮泳衣的超伸展纤维表面便是完全仿造鲨鱼皮肤表面制成的。该泳衣还充分融合了仿生原理：在接缝处模仿人类的肌腱，为运动员向后划水提供动力；此外，布料还模仿人类的皮肤，富有弹性。实验表明，该泳衣可减少至少3%的水阻力，这在0.01秒之差就能决定胜负的游泳比赛中意义非凡。2008年，美国“神童”菲尔普斯身着这款“鲨鱼皮”在北京奥运会上独揽8金，将神奇的鲨鱼皮泳衣推向了神坛。

案例思考

鲨鱼是一种体形大、运动速度快的海洋动物，本案例正是研究鲨鱼皮掌握了鲨鱼游动快的外部原因后，模仿其表面皮肤特性制成了水阻力小并可增强划水动力的泳衣，以此来提高运动员的游泳速度。

案例启示

在长期的进化过程中，受到自然条件的严峻选择，为了生存和发展，自然界形形色色的生物各自练就了一些独特的本领。如果人们能分析和掌握各种生物的特异本领，并加以有目的的模仿，就能不断创新。

知识陈述

一、仿生创新的内涵

人们在技术上遇到的许多问题，很难找到正确的解决方法和途径，而在生物界可能早已出现，而且在进化过程中得到了很好的解决，人类不断从生物界得到有益的启示。例如：水母能感受水声波而准确地预测风暴；老鼠能事先躲避矿井崩塌或有害气体；蝙蝠能感受到超声波；鹰眼能从三千米高空敏锐地发现地面上运动着的小动物；蛙眼能迅速判断目标的位置、运动方向和速度，并能选择最佳攻击姿势和时间。

简单地说，仿生就是向大自然学习，通过对自然生物的系统分析和类比启发，产生新的创意和发明创造，它是模仿生物的特殊生存本领的一门学问。而仿生创新则是在社会及市场需求的指引下，通过有效的创新组织，观察、研究和模拟自然界生物以及生态，包括生物及生态本身的结构、原理、行为、各种器官功能、体内的物理和化学过程、能量的供给、记忆与传递等，从而为技术发明、产品设计提供新的思想、原理和系统架构，为系统管理提供新的分析思路与工具，产生有用的新技术、新产品与新方法，并能产生实际社会经济效益的创新思维方法。

自然界无数生物的形体结构、外表特征以及它们的生存方式、肢体语言、声音特征、平衡能力、器官功能和工作原理等，会给人类传递出无穷的信息，启发人类的智慧和创造力。例如：人们模仿变色龙变色逃生机制研制出了军事伪装设备；模仿蜻蜓与蜂鸟创新了运载工具的自动控制与导航系统；模仿莲花“出淤泥而不染”的特性发明了新型防水涂料；模仿蝙蝠的回音定位原理研制出了雷达装置；模仿壁虎可以吊在天花板上的技能研发出了一种超强黏性的胶带；模仿鱼鳍研制出了新型推进器；模仿啄木鸟的脑壳及紧密组织的抗震骨骼研制了新型防震结构装置等。每当发现一种生物奥秘，它就有可能成为一种新的设计理念，也可能由此诞生一种新产品。

二、仿生创新的机理

在长期演化的自然界各层次中，生物系统都显现出了千姿百态、精巧奇妙、错综复杂的运作机理，且自然界经过千锤百炼，形成了目前各种环境下的不同类型且高效率运作的生态模式。仿生创新作为一种创新方式，存在内在的运作机理，遵循仿生运作机理进行创新可起到事半功倍的奇效。

1．协同进化仿生创新机理

自然界的进化始终沿着由低级到高级、由简单到复杂、由争斗到和谐共生的轨迹进行，而协同进化则是生物及其生态系统功能提升的重要机制。当出现不协调时，系统会调整与弥补此类不协调状态，从而产生协同的功能创新。因此，在市场经济条件下，人类创新若遵循生物协同进化机理，则会得到自然赋予的丰厚回报。协同进化仿生创新机理主要是指在创新过程中通过协调与优化人类与其他生物的协同要素、协同功能、协同环节与协同环境，得到创新结果的规律与法则。如人们模仿生物进化机理提出了许多系统优化算法（遗传算法、神经网络等），为解决复杂系统的预测、优化及控制等问题提供了有效工具。再如循环经济模式、机器人、环境保护技术、生物肥及生物农药等创新，均产生于协同进化仿生创新机理。

2．相似功能类比仿生创新机理

自然界创造了丰富多彩的生物世界，而数不清的生物又呈现出令人惊奇的结构、功能与形态。人们在进行技术创新时，会自觉或不自觉地将技术产品与相关生物特异功能进行类比，利用人类行为、已有产品特征与生物的相似性，得到新的产品创新思路或方案。许多人类创新产生于相似功能类比，它是仿生创新的重要机理。例如：从鸟的飞翔到飞艇、飞机与飞船；从人的行走到机器人；从苍蝇对不同气味物质的灵敏嗅觉功能到气体分析仪；从蝙蝠能够用超声波避开障碍物到声呐装置等。

3．法则隐喻仿生创新机理

生物在长期的进化过程中形成了许多生物进化及生存的法则，这些法则对生物生存与发展具有内在控制作用，如优胜劣汰、适者生存的进化法则，能量消耗最小法则，结构功能协调法则，协同共生法则，生态位选择及保护法则，生物循环法则，有机和谐法则等。人类可将这些生物法则隐喻创新体，得到新的机制与创新元素，从而实现仿生创新。例如，利用生物循环法则，人类发明了可循环利用资源的装置与产品，包括城市生活和生产污水的循环处理与再生利用装置、工业生产中高温废气能量的回收利用装置等。

4．同构映射转换仿生创新机理

自然界存在着很多生物同构现象，任何生物结构特征在映射并经过同构转换后，移植于创新体，即可得到新的创新产品。同构映射转换可出现在任何领域的技术、产品、管理方法的创新中，它是最常见也是最容易利用的一种创新机理。例如，人们在研制轮船、飞机、车辆、导弹等动力装置时，将海洋中极具流线结构的鱼类外形同构映射至产品外形设计上，实现了产品的仿生创新。

5．联系隐喻仿生创新机理

人类本属于自然生物系统的一个组成要素，人类与其他生物共生共存，相互协同，相互依靠，联系广泛。人类进化后处于高级阶段，因而，在许多情况下，可以想到并创造出自然界所没有的东西，但在更多的情况下，人类却不能与大自然比拟。在人们实施创新活动的过程中，任何来自生物界的刺激都有可能导致新的创新产生。例如，德国科学家弗里德里希·凯库勒梦见一条蛇咬着自己的尾巴，环绕成圈状，这启迪他发现了有机化学中苯环的分子结构。

三、仿生创新的原则

1．优先考虑原则

“大自然是人类最好的老师”，人类在创新创造的实践中，首先应确立向自然界生物学习的优先原则。因为生物在长期的进化过程中采用了最为经济合理的路径与对策，在优胜劣汰和适者生存的过程中形成了最为精妙的结构、特异的功能和环境适应性，并且能够为人类提供几乎所有需要的创新启示。创新应优先考虑仿生，这样既多快好省，又能触类旁通，且能充分体现人类与环境和谐共生的可持续发展理念。这也是重要技术与管理创新应遵循的关键原则。

2．需求导向原则

创新与技术发明等之间的最大区别在于创新起于发明而止于消费，即创新必须创造出具有社会或经济价值的商品。因此，坚持需求导向原则意义重大，它体现了创新固有的价值性与目标导向性。是否满足人类的某种需求也是衡量创新创造成功与否的重要标准。

3．系统化原则

考虑到自然生物和生态系统的复杂性，仿生创新必须充分发掘生物的整体智慧与系统功能。其中，在技术创新中系统模仿人类思维及行为最为常见。由于生物的生存状态不同，物种性质、个体与群体行为、形体结构、构成材料、生存机制等均体现出不同的特征与功能，因此，只有综合考虑生物各方面的特征，进行系统化仿生，才能取得意想不到的创新成果。

4．环境适应原则

进行仿生创新时，应依据创新主题对类似生物生存环境及其环境适应性进行分析，找出与创新主题最为接近的生物体进行仿生联想与类比，根据一个或一类生物环境适应性的映射与同构转换，有针对性地进行仿生创新，提升创新成果与自然环境的协调性。

5．近似理想原则

由于生物的构造、功能及行为极其复杂，自然界和生命科学中还存在许多尚未解决的难题与尚不能解释的现象，而人类在仿生创新过程中还存在许多技术问题，致使人类目前还不可能实现完全意义上的仿生创新，但只要实现生物的部分功能或得到相关的创新启示，或许就能实现人类所需的技术与管理创新成果。

6．生物极限组合原则

生物经过数万年进化，产生了众多的特殊性质或功能，但每一种生物物种的独特性质或功能可能是单一的、片面的，因此，在进行仿生创新时，应全面组合或集成与创新主题相关的一类或一组生物体特殊性质或功能进行仿生创新，得到等于或优于生物组合原型的创新成果。

7．多学科交叉原则

仿生创新涉及生物学、物理学、信息学、脑科学、工程学、数学、力学、系统学、心理学、医学、社会学、管理学、经济学、军事学等多个学科的综合交叉，单从某一个学科进行仿生创新往往难度较大，它需要具有多个学科背景的研究人员或专业人员共同参与，并有机协调配合才能完成。

四、仿生创新的方法

仿生创新的研究范围从类型上看，包括基于市场需求的理念仿生创新、技术仿生创新、产品仿生创新、系统方法仿生创新、管理仿生创新等；从创新途径上看，则包括了结构仿生创新、原理仿生创新、行为仿生创新、功能仿生创新、信息与控制仿生创新、系统仿生创新等。仿生创新与仿生学的关键区别在于仿生学属于科学技术范畴，而仿生创新属于管理学范畴，它是探索利用仿生学原理进行创新的规律及管理策略的学问。

仿生创新的方法按生物类别可分为植物仿生、动物仿生、人类仿生等；按仿生原理不同可分为形态仿生、结构仿生、功能仿生等；按学科门类不同可分为信息仿生、控制仿生、力学仿生、化学仿生、医学仿生、生物仿生等。下面介绍几种常用的仿生创新方法。

1．植物仿生创新

植物仿生创新就是模仿植物的内部结构、生长特性和特殊性能等进行创新。例如：依照向日葵的生长特性，美国人发明了由单电机驱动的跟踪系统让太阳能面板随太阳的位置而转动，大大提高了太阳能电池的发电量；德国人根据“莲花效应”（自我清洁功能）发明了用于建筑外墙的自清洁涂料；鲁班根据茅草叶子边缘割破手的现象发明了最早的木工用锯子。

案例 5-1 尼龙搭扣带的发明

瑞士发明家乔治·梅斯特拉休闲的时候喜欢到远郊打猎，可每次打猎回来他的裤腿和衣物上都粘满草籽，即使用刷也很难刷干净，非得一粒一粒把它们摘下来不可。这一现象引发了他的好奇，他把摘下来的草籽用放大镜进行仔细观察，发现草籽上有许多小钩子，正是这些小钩子牢牢地钩住了他的衣物。是否可以用许多带小钩子的布带来代替衣物上的纽扣或拉链呢？经过多次试验和研究，他制造了一条布满尼龙小钩的带子和一条布满密密麻麻尼龙小环的带子。两条带相对贴合时，小钩恰好钩住小环，牢牢地固定在一起，必要时再把它们拉开，这就是被称为魔勾的尼龙搭扣。

2. 动物仿生创新

动物仿生创新就是模仿动物的生理构成和特性进行创新。自然界的各种动物为了生存的需要，在不断的进化过程中大都具有其独特的生理构成或生理功能。例如：生物学家通过对蛛丝的研究，发明了用于制造抗撕裂降落伞和临时吊桥用的高强度缆索的高级丝线；船和艇来自于人们对鱼类和海豚的模仿；火箭升空利用的是水母、墨鱼的反冲原理；科学家通过研究青蛙的眼睛，发明了电子蛙眼；美国空军通过研究毒蛇的“热眼”功能，开发出了微型热传感器。

案例 5-2 子弹头列车

日本于 1964 年研制的时速高达 193 公里的东海道新干线列车存在一个重大缺陷，列车驶出隧道时总会发出震耳欲聋的音爆现象。原因是列车在隧道中前进时总在不断推挤前面的空气，从而形成一堵“风墙”，且随着列车在隧道中的运行，其压力不断增大，当这堵“风墙”被推送到隧道出口时，因压力突然降低，在扩散过程中便产生了震耳欲聋的响声。“风墙”的存在还会增加列车的行驶阻力，减慢列车的速度。

日本工程师中津英治认识到，要解决这个问题，列车必须像跳水运动员入水一样“穿透”隧道。通过研究善于俯冲的鸟类——翠鸟的行为，发现翠鸟拥有一个流线型的长长的嘴，其直径从前往后逐渐增加，以便让水流顺畅地向后流动，翠鸟从水面穿过时几乎不会产生一点涟漪。他模仿翠鸟的长嘴，设计出“子弹头形”的高速列车。这种设计不仅降低了火车的噪音，而且更加符合空气动力学原理，在降低能耗的同时还能提升车速。

案例 5-3　人工冷光

萤火虫是众多发光动物中的一类，它们发出的冷光颜色主要有黄绿色和橙色，光的亮度各不相同。萤火虫发出的冷光不仅光线柔和，特别适合于人类的眼睛，而且具有很高的发光效率，光的强度也比较高。研究发现，萤火虫发光实质上是一个把化学能转变成光能的过程。萤火虫的发光器位于其腹部，由发光层、透明层和反射层三部分组成，发光层拥有几千个发光细胞，它们都含有荧光素和荧光素酶两种物质。在荧光素酶的作用下，荧光素在细胞内水分的参与下，与氧化合便发出荧光。科学家从萤火虫的发光器中分离出纯荧光素和荧光素酶，用化学方法人工合成了荧光素。由荧光素、荧光素酶、三磷酸腺苷和水混合而成的生物光源，不用电源，不会产生磁场，可在充满爆炸性瓦斯的矿井中充当光源。现在，人们已能用掺和某些化学物质的方法得到类似生物光的冷光，作为特殊环境条件下的安全照明用光。

3. 人类仿生创新

人类仿生创新就是模仿人体的结构、器官及其功能进行创新。例如：模仿人体外形，人们设计了可口可乐瓶、广州电视塔等；模仿人的双臂（灵活地完成拉、提、伸、举、旋转、移动等动作）开发了机械手、挖掘机等；模仿人类思维与推理过程，Google 公司研发了名为“AlphaGo”的围棋人工智能程序。

人类思维的机理至今仍是个未解之谜，还远未被人类认识清楚，模仿人的智慧设计出具有思维能力的计算机，始终是科学家不懈努力追求的目标。随着“中国制造”向“中国智造”的转变，依托云平台、物联网、大数据、人工智能等现代信息技术的智能装备、智能制造，将成为中国工业未来的技术发展方向，各种替代人工制造的模仿人类动作、思维、逻辑、心理、语言、机能的智能化产品和系统等将不断涌现，人类仿生创新技术将得到快速发展。

4．形态仿生创新

形态仿生创新就是通过研究生物体存在的外部形态及其象征寓意，模仿其形态进行创新设计的思维方法。例如：模仿鸟巢设计出了北京奥运会主体育馆建筑结构；模仿猫和老虎的爪子设计出奔跑中可以急停的钉子鞋；模仿袋鼠起跑的动作发明了短跑用的助跑器。从老鼠到鼠标，从鲍鱼到吸盘，从风云雨雪等自然物外形到象形文字、园艺景观等，都是根据动植物的外部形态及其特殊功能或寓意进行创新的成果。形态仿生的案例在日常生活中比比皆是。

5．结构仿生创新

结构仿生创新就是通过研究生物肌体的构造，模仿动植物的结构进行仿生创新，通过结构相似实现功能相近。例如：屋顶瓦楞模仿的是动物的鳞甲；船桨模仿的是鱼的鳍手。所谓“疾风知劲草”，许多能承受狂风暴雨的植物的茎部是纤维管状结构，其截面是空心的；人体承重和运动的骨骼，其截面上密实的骨质分布在四周，而柔软的骨髓充满内腔；在建筑结构中常被采用的空心楼板、箱形大梁、工形截面钣梁以及折板结构、空间薄壁结构等都是根据这一原理得来的。

案例 5-4　从蜂巢到新型节能环保材料

蜂巢由一个个排列整齐的六棱柱形小蜂房组成，每个小蜂房的底部由三个相同的菱形组成，这种多墙面的排列和一系列连续的蜂窝形网状结构可以分散承担来自各方的外力，使得蜂窝结构对挤压力的抵抗能力比任何圆形或正方形要高得多，这些结构与近代数学家精确计算出来的菱形钝角和锐角完全相同，是最节省材料的结构，且容量大、极坚固，令许多专家赞叹不已。对蜂窝结构的研究让我们知道即使是非常纤薄的材料，只要把它制成蜂窝形状，就能够承受很大的压力。人们仿其构造用各种材料制成蜂巢式夹层结构板，强度大、重量轻、不易传导声音和热量，是建筑及制造航天飞机、宇宙飞船、人造卫星等的理想材料。

6．功能仿生创新

功能仿生主要研究生物体和自然物质存在的特殊功能原理，并用这些原理去改进现有技术或建造新的技术系统，以促进产品更新换代或新产品开发。

“燕子低飞行将雨，蝉鸣雨中天放晴”，生物的行为与天气的变化有一定关系。沿海渔民都知道，生活在沿岸的鱼和水母成批地游向大海，就预示着风暴即将来临。水母又叫海蜇，是一种古老的动物，早在5亿年前，它就漂浮在海洋里了。这种低等动物有预测风暴的本能，每当风暴来临前，它就会游向大海避难。原来，在蓝色的海洋上，由空气和波浪摩擦而产生的次声波，总是风暴来临的前奏曲。这种次声波人耳无法听到，但小小的水母却很敏感。研究发现水母的耳朵的共振腔里长着一个细柄，柄上有一个小球，球内有块小小的听石，当风暴前的次声波冲击水母耳中的听石时，听石就会刺激球壁上的神经感受器，于是水母就听到了正在来临的风暴的隆隆声。仿生学家仿照水母耳朵的结构和功能，设计了水母耳风暴预测仪，相当精确地模拟了水母感受次声波的器官。把这种仪器安装在舰船的前甲板上，当接收到风暴的次声波时，可令360°旋转着的喇叭自行停止旋转，它所指的方向，就是风暴前进的方向；通过指示器上的读数即可得知风暴的强度。这种预测仪能提前15小时对风暴做出预报，对远洋航海和海洋渔业的安全都有重要意义。

通过模拟生物体中的各类化学反应过程与功能，包括各种酶生化反应、选择性生物膜、生物能量转换反应、生物发光、生物发电等，可研制出人类所需的高价值的新技术和产品，如人工嗅觉、仿生物膜及仿生物药等。

案例5-5　蝴蝶与卫星控温系统

遨游太空的人造卫星，当受到阳光直接照射时，其表面温度会急剧上升到几百摄氏度；在没有阳光照射，进入地球的阴影区域时，卫星表面温度会下降到零下几百摄氏度，这种巨大的温差很容易烤坏或冻坏卫星上的精密仪器仪表。人造卫星的控温问题曾一度使航天科学家们伤透脑筋。后来，科学家们从高山蝴蝶身上受到启迪，研究发现其蝶翅上排列着鱼鳞一般的细小鳞片，蝴蝶能通过调节其鳞片张合来调节自身的温度。每当气温上升，阳光直射时，鳞片自动张开，以减小阳光的照射角度，减少对阳光热能的吸收；外面温度下降时，鳞片自动闭合，紧贴体表，让阳光直射鳞片，从而把体温控制在正常范围内。科学家们根据蝴蝶的温度控制原理，设计出了一种与蝴蝶鳞片极相似的卫星控温系统。他们在卫星表面制作一套“鳞片”系统，每个“鳞片”两面吸收热量的能力完全不同，这些“鳞片”能根据温度变化自动开合，将卫星的温度控制在安全的范围内。

能力训练

1. 独立思考

仿生创新的方法有植物仿生、动物仿生、人类仿生、形态仿生、结构仿生、功能仿生等多种方法，请指出下列案例运用了何种仿生创新方法。

（1）根据响尾蛇的“热眼”功能制成“响尾蛇导弹”（　　　）。

（2）根据香蕉皮的多层结构研发出二硫化钼润滑剂（　　　）。

（3）仿荷叶制成的自清洁雨伞（　　　）。

（4）有效减少阻力和海生物附着的“人造海豚皮”（　　　）。

（5）人工神经网络（　　　）。

（6）甲壳虫汽车（　　　）。

2. 讨论与练习

（1）自然界中有许多生物都能产生电。其中人们将能放电的鱼统称为“电鱼”。各种电鱼放电的本领各不相同。放电能力最强的是电鳐、电鲶和电鳗。中等大小的电鳐能产生70伏左右的电压，而非洲电鳐能产生的电压高达220伏；非洲电鲶能产生350伏的电压；电鳗能产生500伏的电压。经过对电鱼的解剖研究，人们发现在电鱼体内有一种奇特的发电器官，这种发电器官是由许多被称作电板或电盘的半透明的盘形细胞构成的。由于电鱼的种类不同，所以发电器官的形状、位置、电板数都不一样。电鳗的发电器官呈棱形，位于尾部脊椎两侧的肌肉中；电鳐的发电器官形似扁平的肾脏，排列在身体中线两侧，约有200万块电板；电鲶的发电器官起源于某种腺体，位于皮肤与肌肉之间，约有500万块电板。单个电板产生的电压很微弱，但由于电板很多，产生的电压就很大了。电鱼这种非凡的本领，引起了人们极大的兴趣。19世纪初，意大利物理学家伏特以电鱼发电器官为模型，设计出世界上最早的伏特电池。因为这种电池是根据电鱼的天然发电器设计的，所以把它称作“人造电器官”。

根据“电鱼”的发电原理，按仿生创新法，你还能想出哪些其他工程的应用？

（2）蜻蜓通过振动翅膀产生不同于周围空气的局部不稳定气流，并利用气流产生的涡流来使自己上升。蜻蜓能在很小的推力下翱翔，不但可向前飞行，还能向后和左右两侧飞行。此外，蜻蜓的飞行行为简单，仅靠两对翅膀不停地拍打。

根据蜻蜓的飞行原理，应用仿生创新法，你能得到哪些工程应用创新启示？

3．案例分析

（1）人们根据蛙眼的视觉原理，已研制成功一种电子蛙眼。这种电子蛙眼能像真的蛙眼那样，准确无误地识别出特定形状的物体。把电子蛙眼装入雷达系统后，雷达的抗干扰能力大大提高，这种雷达系统能快速而准确地识别出特定形状的飞机、舰船和导弹等，特别是能够区别真假导弹，防止以假乱真。

电子蛙眼采用了何种仿生创新法？请设想一下，电子蛙眼在交通领域可能有哪些应用？

（2）苍蝇被称为“四害”之一，令人讨厌。但科学家却根据苍蝇一些特异功能发明了许多先进的仪器装备。苍蝇具备快速飞行技能，使它很难被人类抓住，即使在它的后面也很难接近它，那么它是怎样做到的呢？昆虫学家研究发现，苍蝇的后翅退化成了一对平衡棒，当它飞行时，平衡棒以一定的频率进行机械振动，可调节翅膀的运行方向，是保持苍蝇身体平衡的导航仪。科学家据此原理研制成了新型导航仪——振动陀螺仪。将其装于飞机上可大大改进飞机的飞行性能，可使飞机自动停止危险的翻滚飞行，在机体倾斜时能自动恢复平衡，即使是在最复杂的急转弯时也万无一失。

苍蝇的复眼包含 4 000 多个可独立成像的单眼，能看清几乎 360 度范围的物体。在蝇眼的启示下，发明家制成了由一千多块小透镜组成的一次可拍一千多张高分辨率照片的蝇眼照相机，在军事、医学、航空航天领域被广泛应用。

苍蝇的“鼻子”——嗅觉感受器分布在头部的一对触角上。每个“鼻子”只有一个“鼻孔”与外界相通，内含有几百个嗅觉神经细胞。若有气味进入“鼻孔”，这些神经立即把气味刺激转变成神经电脉冲，送往大脑。大脑根据不同气味物质所产生的神经电脉冲的不同，就可区别出不同气味的物质。苍蝇这种敏锐的嗅觉，使之成为声名狼藉的“逐臭之夫”，凡是腥臭污秽的地方，都有它的踪迹。

根据苍蝇的特异嗅觉功能，采用类似前述的振动陀螺仪、蝇眼照相机的仿生创新法，你能想到什么发明创意？

Topic 6

专题六

逆向思维创新法

思维导图

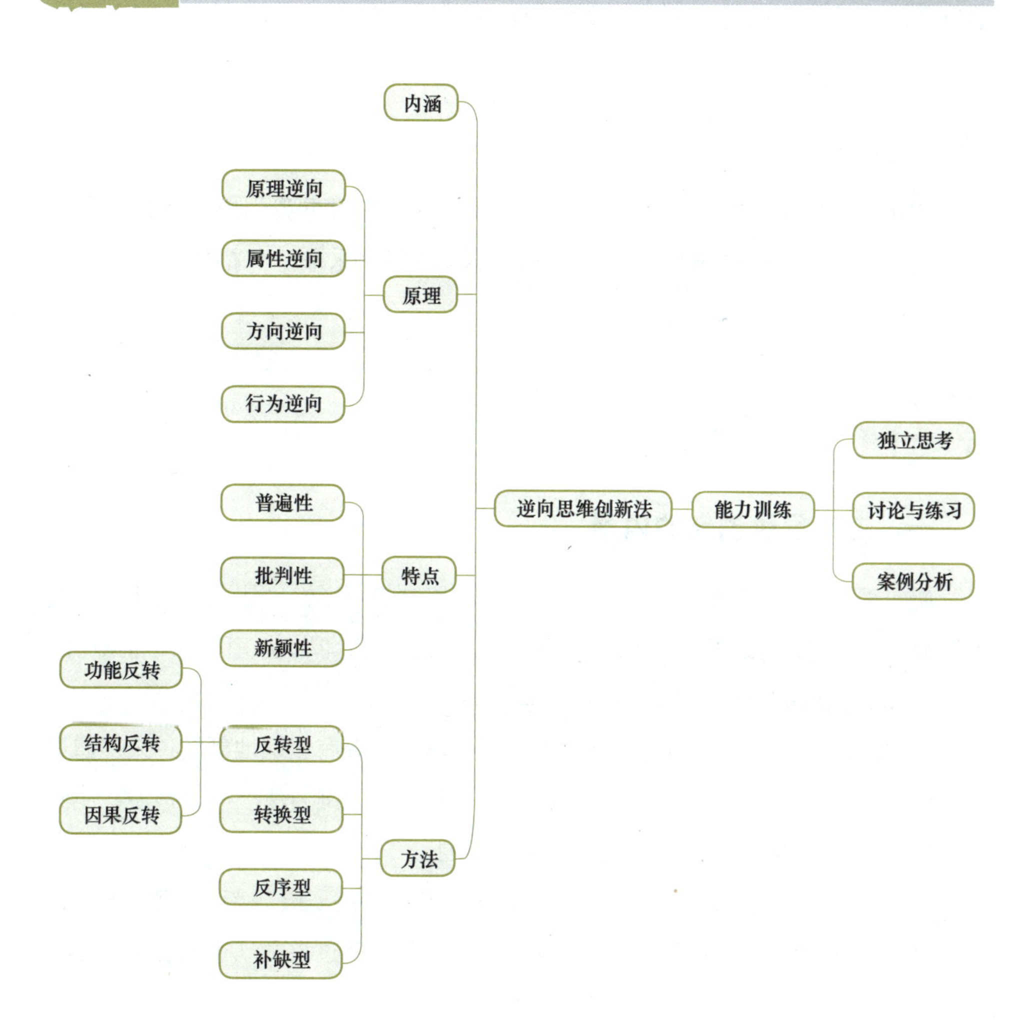

引导案例

如何让孩子做作业

孩子不愿意做作业，于是爸爸灵机一动，说："儿子，我来做作业，你来做老师帮我检查作业如何？"孩子高兴地答应了，并且把爸爸的"作业"认真地检查了一遍，还列出算式给爸爸讲解了一遍。只是他可能不明白为什么爸爸的所有作业都做错了。

案例思考

孩子做作业，父母检查指导，这是父母辅导孩子学习的惯用办法，孩子的学习是被动的、消极的，而上述案例却实现了孩子的主动学习。这位父亲的做法能给你什么启示呢？

案例启示

对立统一规律是唯物辩证法的基本规律之一，它告诉我们世界万物都有对立的两个面，有时通过角色转换、逆向变换，反过来采取一些措施，往往会产生事半功倍的效果。

知识陈述

一、逆向思维创新的内涵

逆向思考是思维向相反方向重建的过程。思维的可逆性，使人们在认识客观事物时，不仅可以顺向思考，而且可以逆向思考；不仅可以从正面看，而且可以从反面看；不仅可以从因到果，而且还能执果索因。

逆向思维创新法是将事物的基本规律或发展顺序等有意识地颠倒过来，通过逆向思考，产生新的原理、方法、认识和成果的创新思维方法。简单地说，逆向思维就是倒过来想问题，从相反的角度考虑问题。

温度变化会导致热胀冷缩，反过来利用液体热胀冷缩现象，就可以测量温度，伽利略正是基于此而发明了温度计；声音引起振动，反过来振动也能发声，爱迪生基于此原理发明了留声机；酒精燃烧各种金属盐时，灯焰会发出不同的颜色，分析其光谱，可测出元素的含量，德国化学家本生与德国物理学家基尔霍夫基于此发明了光谱分析仪；有人落水，常规的思维模式是“救人离水”，而在“司马光砸缸救人”的故事中司马光面对紧急险情，运用了逆向思维，果断地用石头把缸砸破，“让水离人”，救了小伙伴的性命；以前的工厂效率低下，人围着机器和零件转，每个工人累得半死，效率还不高，后来有人改善了工序，让人不动，零件动，逐渐实现了生产流水线的设想，效率大大提高。

逆向思维也叫求异思维，它是将正向思维，即传统的、逻辑的、司空见惯的、似乎已成定论的思维方向反过来思考的一种思维方式。敢于“反其道而思之”，让思维向对立面的方向发展，从问题的相反面深入进行探索，树立新思想，创立新形象。人们习惯于沿着事物发展的正常方向去思考问题并寻求解决办法，实质上逆向思维就是换位思考，将矛盾双方的位置互换，从对方的角度思考问题。对于某些问题，尤其是一些特殊问题，从结论往回推，倒过来思考，从求解回到已知条件，反过来想，或许会使问题简单化。

逆向思维之所以有效，是因为现实本身就是充满矛盾和对立的，正如老子在《道德经》中所言：“有无相生，难易相成，长短相形，高下相倾，音声相和，前后相随。”托马斯·曼说过：“一条伟大的真理在于它的对立面也是一条伟大的真理。”菲茨杰拉德曾说过：“测验一个人的智力是否属于上乘，只看脑子里能否同时容纳两种相反的思想，而无碍于其处世行事。”一切事物和问题都存在于一定的外部和内部条件，当其中某个重要条件颠倒逆转，就会引起事物和问题的相应变化，获得对事物的新认识，找出解决问题的新方法。

逆向思维广泛存在于人类思维所涉及的一切认识领域和创造性活动范围之中，语言作为人类思维最基本的符号表现形式，以反语、反问、反讽、反驳等方式直接表现为逆向思维方式；生活中的许多哲理格言，如“居安思危”“从坏处着想，向最好处努力”等也同样是逆向思维的表现。毛泽东曾说，事物的矛盾法则，即对立统一的法则，是自然和社会的根本法则，因而也是思维的根本法则。

唯物辩证法中的对立统一规律告诉我们，自然界、人类社会和人类思维等领域的任何事物都包含着阴阳、黑白、苦乐、快慢等内在的矛盾性，它是推动事物发展变化的根本动力。既然万物均存在对立面，所以逆向思维时时可用，它体现的是创造者对自然规律的深入领悟及对创造意识的有力凝聚。

二、逆向思维创新的原理

逆向思维创新的原理是指当遇到不能解决的难题时，往往从其相反的途径入手却能顺利解决问题的原理。根据逆向思维的对象不同，逆向思维创新的原理可分为以下几种：

（1）原理逆向。将事物的基本原理，如机电设备的工作原理、自然现象的基本规律、事物发展变化的顺序等有意识地颠倒过来，往往会产生新的原理、新的方法、新的认识和新的成果，进而导致创新，这便是逆向原理中的原理逆向。当然，原理逆向之后也不一定能成功，要理性地分析和利用。原理逆向告诉我们，至少可从三个方面进行逆向思维创新。①考虑与已知过程相反的过程，如水总从高处往低处流，这是自然现象的基本规律，那么，能否让水反过来从低处流向高处呢？于是人们发明了水泵，通过水泵给水加压使水自低处流向高处。②思考与已知条件相反条件下的状况，如制冷与制热、电动机与发电机等。③构思事物反作用的结果，如压缩机与鼓风机等。

（2）属性逆向。一个事物的属性是丰富多彩的，有许多属性是彼此对立的，如软与硬、大与小、干与湿、曲与直、柔与刚、空心与实心等。所谓属性逆向，就是有意地以与某一属性相反的属性去尝试取代已有的属性，即逆向已有的属性，从而进行创新活动。要很好地利用属性逆向原理，关键是要抓住能满足我们新的需要的主体属性，然后对主体属性进行反向求索。如果没有抓住这些主体属性，就很难利用该原理获得有分量的发明创新成果。如现代洗衣机的脱水缸的转轴是软的，洗衣机不工作时用手轻轻一推，脱水缸就会东倒西歪。但在洗衣机工作时，脱水缸在高速旋转时却非常平稳，脱水效果很好。在洗衣机设计阶段，脱水缸最初采用的是硬轴，但脱水缸高速旋转时会产生剧烈的颤抖和噪声，为此工程师们想了许多办法，在加粗转轴无效后，又采取了加硬转轴办法，但仍然无效。最后利用逆向思维，弃硬就软，用软轴代替了硬轴，成功地解决了脱水缸的颤抖和噪声两大问题。

（3）方向逆向。完全颠倒现有事物的构成顺序、排列位置或安装方向、操纵方向、旋转方向以及完全颠倒处理问题的方法等，都属于创新的方向逆向原理范围。例如：逆转电风扇的安装方向可使电风扇变成换气扇；在烟盒中上下反装过滤嘴香烟，不但取烟方便，而且很卫生。

（4）行为逆向。行为逆向是指活动主体一改常规的行为方式、行为习惯，而采用一种与先前的行为完全相反的方式来处理问题。以前人们上楼是楼梯不动，人在动；但有人想到，能否人不动，让楼梯移动呢？这就产生了自动扶梯。类似的例子还有生产流水线、跑步机等。

三、逆向思维创新的特点

1．普遍性

唯物辩证法中对立统一规律的普遍性决定了逆向思维在各种领域、各种活动中的普适性。客观世界中对立统一的形式是多种多样的，有一种对立统一的形式，相应地就有一种逆向思维的角度，所以，逆向思维也有无限多种形式。例如：性质上对立两极的转换，软与硬、高与低等；结构、位置上的互换、颠倒，上与下、左与右等；过程上的逆转，气态变液态或液态变气态、电生磁或磁生电等。无论哪种方式，只要从一个方面想到与之对立的另一方面，都是逆向思维。

2．批判性

逆向是与正向比较而言的，正向是指常规的、常识的、公认的或习惯的想法与做法。逆向思维则恰恰相反，是对传统、惯例、常识的反叛，是对常规的挑战。它能够克服思维定势，破除由经验和习惯造成的僵化的思维模式。“山重水复疑无路，柳暗花明又一村”，从山重水复到柳暗花明，需要的是批判性思维，要敢于、善于突破习惯思维的“围城”。

3．新颖性

循规蹈矩的思维和按传统方式解决问题虽然简单，但容易使思路僵化、刻板。摆脱不掉习惯思维的束缚，得到的往往是一些司空见惯的答案。其实，任何事物都具有多方面的属性，由于受过去经验的影响，人们容易看到熟悉的一面，而对另一面却视而不见。逆向思维能克服这一障碍，通过转换角度，从人们不熟悉的另一面寻找解决问题的方法，其结果往往出人意料，给人以耳目一新的感觉。

四、逆向思维创新的方法

逆向思维是反过来思考问题，不依常规思维出牌，将矛盾双方的位置互换，用绝大多数人没有想到的思维方式去思考问题。运用逆向思维去思考和处理问题，实际上就是以“出奇”达到“制胜”。因此，逆向思维的结果常常会令人大吃一惊，喜出望外，别有所得。按逆向思维方式的不同，逆向思维创新可分为反转型、转换型、反序型和补缺型四种。

1. 反转型逆向思维

反转型逆向思维是指从已知事物的相反方向进行思考，产生发明构思的途径。“事物的相反方向”常常可从事物的功能、结构、因果关系等三个方面做反向思考。因而反转型逆向思维又可分为功能反转型、结构反转型和因果反转型等方法。

（1）功能反转型逆向思维。功能反转是指在实现同样的功能或达到同样的目标的前提条件下，反向考虑实现目标的手段和路径，往往会起到事半功倍的效果。司马光砸缸救人是大家熟悉的故事，在缸大、水深、人小、救人困难的情况下，司马光急中生智，不是直接拉人出水，而是砸缸放水救人；在传统的动物园内，无精打采的动物被关在笼子里让人参观，有人反过来想，将人关在活动的“笼子”里（汽车内），不是可以更真实地欣赏大自然中动物的状态吗？于是野生动物园应运而生；1901 年，伦敦火车站举行了一次“吹尘器”表演，它以强有力的气流将灰尘吹走，围观的人们被吹得满身灰，而一位观众却反过来想，将吹尘改为吸尘，据此发明了吸尘器。这些案例中，达成的目标或功能未变，但实现目标或功能的手段却反过来了。

案例 6-1　新型破冰船

在地球两极寒冷地区航行的船舶必须依靠破冰船开路，传统的破冰船主要是用船头破冰。在冰层较薄时，依靠大马力的推进装置，利用船首切破冰层；若遇到较厚的冰层时，则主要采用重力破冰法，即在船尾压载舱中注水使船首抬起，冲上冰层后再排空船尾压载舱，注满船首压载舱，依靠自身重量压碎冰层。这种破冰船头部采用高硬度和高密度的材料制造，头部十分笨重且转向困难，并很容易受到侧向水流压力的影响。苏联的科学家利用反转型逆向思维，变向下压冰为向上推冰，即让破冰船潜入冰层下方，依靠浮力从冰下向上破冰，遇到较坚厚的冰层时，破冰船就像海豚那样上下起伏前进，破冰效果非常好。这种破冰船自身的安全性也大大提高，非常灵活轻便，也节约了大量动力。

案例 6-2　放在外面

有一家酒店因生意红火使之前安装的电梯不够用了，经理打算再增加一部电梯。酒店请来专家研究电梯加装方案，专家们认为唯一的办法就是将每层楼板都打个洞，直接安装新电梯。当专家们坐在酒店里谈论工程施工细节的时候，他们的谈话正好被一个正在扫地的清洁工听到了。清洁工自言自语道："每层楼都打个洞肯定会弄得尘土飞扬，到处乱七八糟。"专家答说："这是难免的了，谁让酒店当初设计时没有多装一部电梯呢？"清洁工想了想说道："我要是你们，我就把电梯装在楼的外面。"

专家们听了清洁工的话陷入沉思，但马上他们为清洁工的这一提议拍案叫绝。从此，建筑史上出现了一个新事物——室外电梯。

（2）结构反转型逆向思维。结构反转就是从已有事物的相反结构形式去设想新的技术发明和解决问题的思路。在机电设备结构设计中，为解决某些特殊问题，打破传统的结构设计，采取与原来相反的设计思路，有时可获得意想不到的效果。如为解决使用过的雨伞折叠后会遇到雨水流满地或溅到衣服上的困扰，有人反向设计了收伞机构，实现了将雨伞湿淋淋的一面藏在内，干燥的一面留在外边的翻转，称为翻转雨伞或反向伞。

案例 6-3　两向旋转发电机

传统发电机一般由定子和转子两个部分组成，定子不动，转子转动。我国发明家苏卫星采取结构反转逆向思维，让定子也"旋转起来"，发明了一种转子与定子同时向相反的方向旋转的两向旋转发电机，由于发电机的转子和定子同时向相反的方向转动，使相对转速增加，发电效率提高。

（3）因果反转型逆向思维。自然界中的许多现象是有因果联系的，一种自然现象可以是另一种自然现象发生的原因，而在另一个自然过程中这种因果关系可能会颠倒。因果反转创新就是利用因果关系可以互相转换的原理进行的创造性活动。因果反转就是将原因和结果相反转，即由果索因。如数学运算中从结果倒推原因，以检查运算是否正确。

案例 6-4 电磁感应定律

1820 年，丹麦哥本哈根大学物理学教授奥斯特通过多次实验认识到电流存在磁效应。这一发现传到欧洲大陆后，吸引了许多人参加电磁学的研究。英国物理学家法拉第怀着极大的兴趣重复了奥斯特的实验。果然，只要导线通上电流，导线附近的磁针会立即发生偏转，他深深地被这种奇异的现象所吸引。法拉第受德国古典哲学中的辩证思想的影响，认为电和磁之间必然存在联系并且能相互转化。他想既然电能产生磁场，那么磁场也应能产生电。为了使这种设想得以实现，他从 1821 年开始做磁产生电的实验。无数次实验都失败了，但他坚信，反向思考问题的方法是正确的，并继续坚持这一思维方式。后来法拉第设计了一种新的实验方案，他将一块条形磁铁插入一只缠着导线的空心圆筒里，结果导线两端连接的电流计上的指针发生了微弱的转动，随后他又设计了各种各样的实验，如两个线圈相对运动，磁作用力的变化同样也能产生电流。法拉第十年不懈的努力并没有白费，1831 年他提出了著名的电磁感应定律，并根据这一定律发明了世界上第一台发电装置。

2. 转换型逆向思维

转换型逆向思维是指在研究问题时，当解决问题的某种手段或思路受阻时，通过转换手段或转换思考角度，以使问题顺利解决的思维方法。我们通常所说的换位思考，将彼此对立的位置变换一下，站在对方的角度考虑问题，这就是转换型逆向思维的典型例子。

转换型逆向思维也包括思想观念、观察事物角度的转换，正如一位拍客所说：他们去遥远的山区采风，有人拍摄并加工了一组名曰“苦难岁月”的照片，也有人在随后举办的个人摄影展上展示他加工的相似的景观，但却被叫作“世外桃源”。人生的许多苦乐，不在于你的处境，而在于你看境遇的角度。正所谓积极的人，像太阳，照到哪里哪里亮；消极的人，像月亮，初一十五不一样。想法影响我们的生活。

案例 6-5　“限客进门”销售法

意大利的菲尔·劳伦斯开办了一家七岁儿童商店，经营的商品全是七岁左右的儿童吃穿看玩的用品。商店规定进店的顾客必须是七岁左右的儿童或带着七岁左右儿童的成人，否则谢绝入内。商店的这一举措不仅没有减少生意，反而有效吸引了顾客。一些带着七岁左右儿童的家长进门，都想看看“葫芦里到底卖的什么药”，而一些带着其他年龄孩子的家长也谎称孩子只有七岁，进店选购商品，使商店的生意越做越红火。

后来，菲尔又开设了20多家类似的商店，如新婚青年商店、老年人商店、孕妇商店、妇女商店等。孕妇可以进妇女商店，但一般非孕妇不得进孕妇商店。眼镜商店只接待戴眼镜的顾客，其他人只得望门兴叹。所有这些限制顾客的做法，反而起到了促进销售的效果。

3．反序型逆向思维

人们在长期的生活或生产实践中，对解决某些问题的过程及过程中各种因素的先后和位置顺序形成了固定的认识。根据逆向创新的原理，有时将人们普遍接受的事物或事物中要素之间的相对位置关系颠倒，可以收到意想不到的效果，这就是反序型逆向思维创新法。

有个教徒在祈祷时来了烟瘾，他问在场的神父，祈祷时可不可以抽香烟。神父回答“不行”。另一个教徒也想抽烟，但他换了一种问法，结果得到了神父的许可，你知道他是怎么问的吗？他这样问神父：“在抽烟的时候可不可以祈祷？”神父回答：“当然可以。”同样是抽烟和祈祷，祈祷时要求抽烟，那似乎意味着对神的不尊重；而抽烟时要求祈祷，则可以表示在休闲时也想着神的恩典，神父当然也就没有反对的理由了。

案例 6-6　改变思考顺序

网络上有这样一则故事：一个老太太有两个儿子，大儿子靠卖雨伞为生，小儿子靠卖布鞋为生。老太太整天闷闷不乐，于是有人问她原因。老太太说："我是在和老天爷生气呢，晴天我大儿子的雨伞卖不出去，就没钱生活了。雨天我小儿子的布鞋又卖不出去。老天爷对我真是不公平呀！"有位老夫子则告诉老太太："你这样想一想，原来你晴天想到的是大儿子，雨天想到的是小儿子，所以你天天不高兴。如今你倒过来想，晴天先想小儿子的布鞋生意红火，雨天再想大儿子的雨伞卖得很多。这样你不应该闷闷不乐，而应该天天高兴。"

老夫子的这种做法里蕴含着丰富的逆向思维，通过有意地颠倒了思考的顺序，会使思考的结果完全不一样。

4. 补缺型逆向思维

补缺型逆向思维创新是一种利用事物的缺点，将缺点变为可利用的东西，化被动为主动，化不利为有利的创新思维方法。该方法并不以克服事物的缺点为目的，相反，它是将缺点化弊为利，找到解决办法。如金属因腐蚀而生锈是不好的，但人们可利用金属腐蚀原理进行金属粉末的生产或进行电镀等。认识事物时，通常将事物带来好结果的属性称为优点，将带来坏结果的属性称为缺点。人们一般较多地注意事物的优点，但当条件发生变化时，可能我们需要的正是事物原来被认为是缺点的某些属性。正确认识事物的属性与应用条件的关系，善于利用通常被认为是缺点的属性，有时能使我们获得创造性的成果。

补缺型逆向思维创新法的实施步骤：①探寻事物可利用的缺点，这是补缺型逆向思维的前提；②通过现象认清缺点的本质，即缺点背后所隐藏的可利用的基本原理或特质，判断缺点是否具有可利用性，为缺点的利用途径和方法提供科学依据；③对缺点的基本原理或特质进行分析、研究可利用或驾驭其缺点的方法。

某时装店的经理不小心将一条高档呢裙烧了一个洞，其身价一落千丈。他不想用织补法来蒙混过关、欺骗顾客，而突发奇想，干脆在小洞的周围又挖了许多小洞，并精于修饰，将其命名为"凤尾裙"。无跟袜的诞生与"凤尾裙"异曲同工。因为袜跟容易破，一破就毁了一双袜子，商家运用逆向思维，试制成功无跟袜，创造了非常好的商机。

案例 6-7　反向扫码

在新冠疫情防控常态化背景下，扫码、亮码成为人们的日常生活，手机上的绿色健康码成了人们进入公共场所的通行证，但是这让一些没有使用智能手机的老年人、儿童感到不便。为此有人利用数字技术手段，通过与公安部门防疫大数据对接，给一定年龄段的无智能手机人员生成二维码，并制卡发放。通过逆向思维将“我扫你”变成了“你扫我”，借助“反向扫码”解决了没有智能手机或不会使用智能手机的老幼群体的扫码难题，让老幼群体共享了信息技术发展的成果，提升了疫情防控的精准性和实效性，也彰显了方便群众、服务群众的理念。

能力训练

1．独立思考

逆向思维创新的方法有反转型、转换型、反序型、补缺型等多种思维方法，请指出下列案例运用了何种逆向思维创新的方法。

（1）裂纹釉彩釉精品（　　　　）。

（2）火箭发射等关键时刻的倒数计时（　　　　）。

（3）将电风扇反向安装，人们做成了排风扇，发明了抽油烟机（　　　　）。

（4）根据电化学效应使金属腐蚀的原理发明了电化学加工法（　　　　）。

（5）里外都能穿的羽绒服（　　　　）。

（6）将欲取之，必先予之（　　　　）。

2．讨论与练习

（1）有个人在 A 店铺买了 90 元的东西，然后交给店铺老板一张 100 元的钞票。由于店铺老板正好没有零钱可找，便到隔壁 B 店铺兑换了零钱，找给这个人 10 元钱。

过了一会儿，B 店铺老板发现那张 100 元的钞票是张假钞，便找到 A 店铺老板要求赔偿。A 店铺老板无奈，只好又赔了 B 店铺老板 100 元钱。过后，A 店铺老板非常气恼，认为自己损失了 200 元，而 B 店铺老板安慰他说："你只损失了 10 元。"请问究竟 A 店铺老板损失了多少钱?

（提示：用财务收支两条线的方法能算出答案，但最简单的计算方法是采取转换型思维进行反向计算。）

（2）2020 年的某晚，何先生在某市的一家银行的 ATM 机取款，不料机器只发出数钱声，却不吐钱，最后银行卡也被吞了。何先生拨打银行客服电话，对方表示已下班，要求其次日来银行处理。因担心发生意外，他又报警求助，但警察也无计可施。后来他用逆向思维，再一次给银行打电话，银行态度大变，行长亲自带两名工作人员在 10 分钟内急匆匆地赶到了现场并处理好。请问何先生是如何做到的?

（3）据说俄国大作家托尔斯泰设计了这样一道题："从前有个农夫，死后留下了一些牛，他在遗书中写道：妻子得全部牛的半数加半头；长子得剩下的牛的半数加半头，正好是妻子所得的一半；次子得剩下的牛的半数加半头，正好是长子的一半；分给长女最后剩下的半数加半头，正好等于次子所得牛的一半。"结果一头牛也没杀，也没剩下，请问农夫总共留下多少头牛?

（提示：思考和解答这道题，如果先假设一些情况，如 20 头、30 头牛，然后再对它们逐一验证和排除，自然是可以的。但这样不免有些烦琐，要费很多时间和精力。若采用反序型思维倒过来想、倒过来算将快捷很多。）

3．案例分析

"蒙牛乳业与牛根生"是一个逆向创新思维的经典案例，试根据以下文字材料，分析牛根生在创办蒙牛乳业的不同环节中，采取了哪些逆向思维创新法或原理。

1998 年年底，伊利原副总牛根生出走伊利，1999 年创办蒙牛。伊利依托"公司连基地，基地连农户"的生产经营模式被蒙牛当仁不让地拿来，并且做得更到位、更彻底。牛根生知道初生蒙牛的短板是无市场、无工厂、无奶源，他也知道自己的长板是人才。

按照一般创办企业的思路，首先要建厂房、进设备、生产产品，然后打广告、做促销，产品才会逐渐有知名度，才能有市场。但牛根生反其道而行之，提出"先建市场，再建工厂"的思路，把有限的资金集中用于市场营销推广之中，然后把全国的工厂变成自己的加工车间。

1999 年蒙牛在呼和浩特利用广告牌做广告“向伊利学习，为民族工业争气，争创内蒙古乳业第二品牌”。牛根生表面上似乎为伊利做了广告，实际上默默无闻的蒙牛借伊利大企业的“势”，出了自己的“名”。

蒙牛与伊利是中国乳品行业中的领军者，目标市场相同，产品类似，是最为直接的竞争对手。创业初期，蒙牛在应对伊利的竞争时，在价格策略上采取竞争性定价策略，即“贵一角”：蒙牛的价格永远比伊利的贵一角。这种竞争性定价策略有效抵制了伊利的价格战。针对高端奶品，蒙牛不仅不降价，还逆向涨价。如 2006 年，蒙牛在乳制品行业一路降价的行业走势中提高特仑苏牛奶的价格，涨幅达到 16%。蒙牛不打算在价格策略上打价格战，而是希望通过产品的高质量和差异化赢得消费者的青睐。

专题七

还原创新法

思维导图

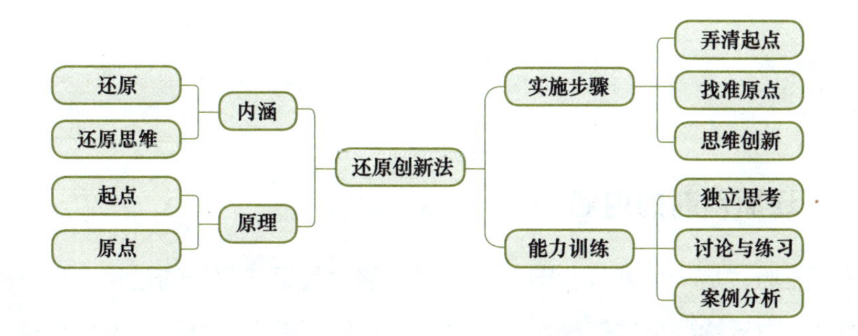

引导案例

日式口香糖

第二次世界大战后，日本大阪有一家食品公司的专务理事森秋广注意到当时日本的年轻女性都很喜欢从美国进口的口香糖。森秋广对经理说：“咱们若能生产出日本的口香糖，销路肯定很好。”他们在百科全书看到“口香糖是橡胶液中加白糖、薄荷的一种具有弹性的食品”。可是，当时的日本市场上怎么也找不到做口香糖的橡胶原料。

为摆脱现有产品的束缚，他们将注意力集中到橡胶的抽象功能“有弹性”上来，设法寻找与橡胶一样具有“弹性”的替代材料。他们使用松脂和冬青树胶等进行试验，但未能成功。当时正好有一家日本公司在生产乙烯树脂，其液体酷似橡胶液。他们灵机一动，用乙烯溶液代替橡胶液，再加入薄荷与砂糖，制成了日式口香糖。

案例思考

森秋广是如何找到突破困境的方法的?

案例启示

当在现有的条件下找不到做口香糖原料的橡胶时，森秋广没有轻易放弃自己的目标，而是从更深层次思考问题，将思维由实至虚，从橡胶的实体形态深入到橡胶的抽象功能，然后再展开思考，寻求发散点，最后终于从数种具有弹性的替代材料中找到了适合做口香糖的原材料。这个故事所提示的正是创新方法里的还原原理。

知识陈述

一、还原创新的内涵

所谓还原，是一种把复杂的系统层层分解为其组成部分的过程，是一种由整体到部分、由连续到离散的操作，是对研究对象不断进行分析，恢复其最原始的状态、化复杂为简单的过程。寻根究源式的还原心理广泛存在于人们的日常生活之中，如原始地貌和原始森林考察、大江大河探源、古代人文遗址和文物考证、寻根祭祖、落叶归根等。对出发点的探寻与追问，是伴随着生命而来的自我意识，它弥漫在最本能的生命层次，是一种最内在的生命冲动。求真、寻找真知是人类文明不断进步的内在动力，透过现象看事物的深层结构与本质是人类最执着的生命自我召唤。

还原思维是在人类寻根探源的还原意识基础上形成的一种思维方式，它的实质是把事物返回到其所在的整体系统与原初状态中去进行考察，以获得对事物的真实把握。这种寻根探源现象，表现在科学研究、艺术创造及人类生活的方方面面。还原思维实质上就是在人们的脑海中重现事物的组成要素或事件发生的第一个客观事实。还原必须全面，把事物或事件的所有因素都包含进去，这种还原往往会有意想不到的收获，如刑事案件中，刑侦人员总是通过事后掌握的各种信息来全方位还原案件发生的过程，在案件还原中推理出犯罪嫌疑人。

案例 7–1　本原的思考

古代有一位高僧以精通禅法闻名。一次他带领众弟子外出修行，来到渤海之滨，众弟子第一次见到大海，都觉得十分惊讶和兴奋，面对波涛汹涌的大海，众人感慨万千，议论纷纷。这时老禅师突然发问：“你们在海面上看到了什么？”弟子们顿时都默不作声，过了一会儿，一位弟子大胆地说：“我看到了浪花的转瞬即逝，它让我想到万象皆空。”此言一出，众人纷纷赞同，觉得对禅法的理解又精进了一层。

这时老禅师却厉声喝道：“那不是浪花，那是水。”众人听罢大悟。

还原思维是一种在事物的本质和本源层面上进行思维活动的思维形态。通常大脑思考问题时是可以在数个思维层面进行的，这是由于客观事物本身具有多重层次结构，还原思维就是要找到事物最基础或最初始的层面并在那个层面上认识和把握事物。对于一般人来说，考虑问题没必要思考事物的本原是什么，但在某些特殊的情况下或对于某些特殊的问题，我们就必须从事物更深的层面去思考才能正确地认识事物，找到解决问题的答案和方法。

案例 7–2　阵地上的波斯猫

第一次世界大战德法交战期间的某天，德军一个参谋人员用望远镜观察法军阵地上的情况，他发现远处一个小坟包上，有一只波斯猫蹲在那儿晒太阳。

“奇怪，这只猫每天上午八九点总是在那晒太阳，已经连续好几天了，这说明什么问题呢？”参谋问身边的士兵。

士兵说：“也许这是只野猫吧。”

“不对呀，野猫不会在大白天出来，更不敢在战火连天的阵地上出没，而且你看，这是只漂亮的波斯猫呀。”参谋将望远镜递给士兵。

士兵用望远镜一看，可不是，那猫有一身闪亮的绒毛，眼珠子还闪着光呢。

参谋分析说：“战争期间还有条件养这种猫的人，绝不是一个普通军官，因此我推断这坟包附近，很可能有法军的一个地下指挥部。”

参谋将他的推断汇报给了德军阵地上的最高指挥官，得到了指挥官的认可，并命令阵地上的炮兵对整个坟场进行地毯式炮击。事后一查，法军一个旅的指挥所在这次轰击中被彻底消灭。

在这则历史故事中，为什么德军士兵只看到了波斯猫晒太阳这个现象，而德军参谋却能由这个现象看到法军的高级指挥所？

爱因斯坦曾经说过："人们能看到什么，不是取决于他们的眼睛，而是取决于他们运用什么样的思维。"德军士兵的思维只是在事物的表象层面活动，这样他只能思其所见，不会考虑更多。而德军参谋考虑问题时，思维是在表象和本源两个层面活动，这样他自然就会得出更多的信息。

二、还原创新的原理

还原创新是指从一个事物的某一创造起点按人们的创造方向反向追索到其创造原点，再以原点为中心进行各个方向上的发散思维并寻找其他创造方向，用新思想、新技术重新创造该事物的创新思维方法。这种先还原到原点，再从原点出发解决问题的方法，往往能取得较大的成功。还原是为了找到更好的创新方向。创造的原点是指某一创造发明的根本出发点或归宿，它往往体现该创造发明的本质所在，而创造的起点则是创造发明活动的直接出发点，它一般只反映该创造发明的一些现象所在。还原创新实质上是把创造的起点移到创造的原点，即先暂时放下所研究的问题，反过来追根溯源，分析问题的本质，然后从本质出发，另辟蹊径，寻找新的创造方法。"不要去追一匹马，用追马的时间种草，待到春暖花开时，就会有一批骏马让你挑选。"这句话实质上讲的就是做人做事的起点与原点的关系问题。

还原创新原理认为，产品创造的原点是实现产品的功能，在保证实现产品功能的前提下，可以采取各种原理、方法和结构。

传统的电风扇都是利用旋转扇叶使空气流动达到送风目的的。那么实现这种功能还有没有别的方法呢？人们回到迫使空气流动这一创造原点上进行分析，有人提出并实现了用压电陶瓷通电后产生振荡，带动固联在压电陶瓷上的金属片振动，使空气流动形成风的方法，制成了无旋转叶片的电风扇。

还原创新的本质是使思路回到产品的基本功能上去，因为只有从创造原点出发，创造者的思路才不会受已有事物具体形态结构的束缚，才能从最基本的原理和规律方面去思考标新立异的方案。在运用还原原理进行创新活动的过程中，发散思维起着重要的作用，即首先要善于从起点（问题）追溯到事物的原点（本质）上，然后进行多个方向上的发散思考。

船舶通常用锚将自己固定住，过去人们也创造了许多形式的锚，但不管什么形式的锚都是沿着“用重物和重力拉住船只”的思维方向进行创造的。根据创造的还原原理，人们发现锚的创造原点应该是“能将船只固定于水面上的一切物体和方法”。于是有人成功研制了完全新颖的冷冻锚。冷冻锚是一块约 2 平方米的铁板，该铁板只需通电 1 分钟即可冻结于海底，冻结 10 分钟后连接力可达到 100 万牛顿，起锚时只要通电，就可以很快解冻，使船舶易于起锚，且显著降低了船舶抛锚和起锚的动力消耗。

人们在研究肉禽类食品的保鲜问题时，一直沿着冷冻可以使肉禽类食品保鲜的思路，将主要精力放在什么物质可以制冷，什么现象有冷冻作用，还有什么冷冻方法上。按照还原原理，应首先考虑食品保鲜问题的原点是什么。冷冻食品之所以可以长期保存，其原因在于冷冻可有效杀灭和抑制肉禽类食品中微生物的生长。因此，凡具有这种功能的方法和装置都可实现肉禽类食品保鲜。从这一创新原理出发，瑞士发明家斯坦斯特雷姆大胆采用微波加热的方法，开发出微波灭菌保鲜装置。经过此法处理的食品，不仅能保持原有形态、味道，而且新鲜程度比冷冻食品更好，可使食品在常温下保持数月。除了微波灭菌保鲜外，人们还采用静电保鲜方法，开发出了电子保鲜装置。

水泵在抽水时，水泵和驱动电动机一般置于水面以上某个位置，但如果水面离水泵的垂直距离超过 10 米（如深井），水泵将无法将水抽起。人们想到将水泵潜入水中，但由此产生的问题是水将浸入驱动水泵的电动机中，于是人们考虑到采用各种密封圈来防水。但实践证明，密封圈也很难挡住水压将水压入电动机，人们而后又采用耐水塑料导线来绕制电动机，这样做的结果是不但电动机体积大了、电磁转换效率低了，而且定子与转子之间常有泥沙嵌入，影响水泵的正常工作。于是人们重新想到将电动机置于水面上，采用传动机械或装置来驱动水泵的各种方法，但都因体积太大或效率太低而失败。分析这些失败的原因发现，这些创造均是以“水要进入，将水隔离”的问题为创造的起点。如果回到问题的原点——

水为什么会进入电动机中进行分析，会发现电动机沉入水中后，由于水的压力大于电动机内空气的压力，加上电动机工作时发热使机内空气膨胀，将电动机内的空气压出，而温度变化后，电动机内部空气的压力减小，不可避免地会使水浸入电动机中。将电动机渗水的原因弄清楚以后，设计者于是在电动机内装上气体发生器、吸湿剂和压力平衡检测器，电动机在水下带动水泵工作时，使其内部产生一定压力的气体，并根据水泵的潜入深度自动调整电动机内的气压，使其与水压时时保持平衡，使水不能浸入电动机，于是一种既经济、效率又高的全干式水泵诞生了。

三、还原创新的实施步骤

根据还原创新原理，在运用还原思维进行产品开发时，可按以下步骤进行：

第一步：弄清还原创造的起点是什么，即所需解决的问题是什么。如上述三个例子中的“船舶在水面上的固定问题”“肉禽类食品的长时间保鲜问题”和“水浸入水泵驱动电动机问题”。

第二步：找准还原创造的原点是什么，即解决问题的基本原理是什么。如上述三个例子中的“通过海底固定物系住船舶”“有效杀灭和抑制微生物的生长”和“平衡水进入电动机的压力差”。

第三步：从找准的创造原点出发，充分运用发散思维，寻找更有效的解决问题的新思路、新技术和新产品。如上述三个例子中的“冷冻锚”“微波灭菌”和“气压平衡”都很好地解决了创造的起点问题。

下面再举一例（洗衣机开发与改进）说明还原创新的实施步骤。

第一步：开发洗衣机的目的是模仿人的动作，用搓、揉的方法洗衣服，这就是研发洗衣机的起点。若从创造的起点出发，就要求人们必须设计一种具有搓、揉动作的机械装置，要求其能适应大小不同的衣物并对不同的部位进行搓、揉，这显然是非困难的，而且机构也将非常复杂。后来也有人想到用刷、捶之类的方法，但也易产生刷不到位、刷坏衣物或捶坏衣服上的饰物和纽扣等缺陷。可见只从创造的起点出发，有时会将人们的思维引入死胡同。

第二步：分析创造的原点。根据还原原理，跳出创造的起点，从思考洗衣的方法回到洗衣这一问题的创造原点——将污物从衣服上去掉。

第三步：从创造原点出发，运用发散思维，只要是能去除衣物上污物的方法都可成为解决问题的新思路。人们首先想到的是化学去污，将表面活性剂制成洗衣粉或洗衣液，将衣物置于水中，加入化学活性剂，再对衣物进行搅拌就可除去衣物上的污物，于是人们想出了相当于搅拌机的简单实用的洗衣机。后来，通过对去污原理的进一步思考，补充了加热、加压、电磁振动、臭氧杀菌、超声波等技术，开发出技术更先进、性能更优越的洗衣机。其中，超声波洗衣机是利用超声波产生的空穴现象和振动作用，超声波振动时，振动和气泡在衣物上产生强大的水压，引起织物振动，达到分离织物上污物的目的，其优点是不用洗涤剂洗涤，用水少，不缠绕衣物，维修方便，无噪声。

能力训练

1．独立思考

"司马光砸缸"是大家非常熟悉的典故，试根据还原思维创新的原理，分析司马光砸缸救人事件的起点、原点各是什么？从原点出发，利用发散思维，你还能想到哪些方法救出水缸中的落水儿童？

2．讨论与练习

有位农场主，他的拖拉机出了毛病，怎么也开动不了。他和他的朋友费尽力气也没修好。最后这位农场主只好请来一位修理拖拉机的专家。那位专家仔细地检查了拖拉机，他打开盖子，动了起动器，认真检查了各样零件。最后，他拿起一把锤子，照着马达的某一部位敲了一锤子。马达立刻重新转了起来，就像从没出过毛病一样。可是当农场主接过修理费账单时，马上生气地大声叫道："什么？就你那么一锤子，就想要 50 块钱吗？""亲爱的朋友，"专家回答道，"敲这么一锤子，我只要 1 块钱；可往哪儿敲这一锤子，我这点儿知识得要 49 块钱。"

分析讨论以下问题：

（1）敲这么一锤子，只需要一秒钟。可是学习往哪儿敲、是不是需要敲这一锤子的知识，需要多长时间？

（2）农场主和专家的思维着眼点有何不同？

（3）请列举现实生活中需要厚积薄发的事情。

3. 案例分析

（1）迫其自退。宋仁宗在位时，与西夏作战，大将刘平阵亡。朝中舆论认为，这是因为朝廷委派宦官做监军，主帅不能完全施展自己的指挥才能所致。由于刘平失利，宋仁宗下令诛杀监军宦官黄德和。有人请求皇帝把各军的监军都撤掉。宋仁宗征求吕夷简的意见，吕夷简回答说："不必撤掉，只需选择为人忠厚谨慎的宦官去担任监军就可以了。"宋仁宗委派吕夷简去选择。吕夷简又回答说："我作为宰相，不应当与宦官交往，怎么知道他们是否贤良呢？希望皇上命令宦官总管去推举，如果他们所推举的监军不胜任其职务的话，与监军同样治罪。"宋仁宗采纳了吕夷简的意见。第二天，宦官总管们就在宋仁宗面前叩头，请求撤掉各监军的宦官。朝中大臣们都称赞吕夷简有谋略。杀一个监军，其他监军依然存在。全部撤掉了他们，以后军中再有过失，他们就会为不该撤掉他们找到口实，所以让他们自己请求撤掉最好。

分析讨论以下问题：

1）吕夷简在是否撤掉宦官监军这个问题上是从哪几个层面思考的？

2）宦官监军是否该撤掉？

3）撤掉宦官监军的决定会使宦官们产生什么反应？

4）撤掉宦官监军后，如果军中再出现过失，宦官们会做何反应？

（2）刘邦置酒论兴亡。刘邦当上皇帝后，一次在洛阳南宫举行宴会，邀请文武大臣前来参加。宴会上又是喝酒，又是吃肉，大家都十分开心。刘邦突然向群臣发问："诸位王侯将军，我提一个问题，我为什么能夺得天下？项羽又是怎么失掉天下的？大家不必有顾忌，只要用心里话回答就成。"

听到皇帝发问，大家先是嘀咕了一阵，然后七嘴八舌地回答起来。其中最有代表性的就是大将王陵的回答。王陵和刘邦是同乡，又是好朋友，因此回答起来格外坦率。王陵说："在用人上，皇上和项羽不同。皇上虽然对人粗暴无礼，好发脾气，而项羽都很尊重部下，但是，皇上敢于封赏功臣，派谁攻打城池，攻下来，就赏给谁，大家都愿意出力；而项羽则妒贤嫉能，打了胜仗不给记功，攻下地方不给分封，所以部下不给他出力，最后才失败了。"王陵说的意思是刘邦善于用赏罚的手段，达到调动部下积极性的目的。另一位将军高起也附和了王陵的说法。

等他们说完后，刘邦说："诸公只知其一，不知其二。夫运筹帷幄之中，决胜千里之外，吾不如子房；镇国家，抚百姓，给馈饷，不绝粮道，吾不如萧何；连百万之军，战必胜，攻必取，吾不如韩信。此三者，皆人杰也，吾能用之，此吾所以取天下也。项羽有一范增而不能用，此其所以为我擒也。"众人听了之后都心服口服。

善于用人是一门包含很高智慧的学问。它不光表现为运用奖惩机制激励人才，更重要的是在于能够发现和发挥每个人的长处，使组织的人才结构合理、稳固，只有这样才能使自己处于不败之地。

分析讨论以下问题：

1）项羽为什么不重视人才呢？

2）刘邦本是一个无赖，为什么他能得天下呢？

3）为什么萧何、张良、韩信有着超常的才智但却会屈就为刘邦的下属？

Topic 8

专题八

系统思维创新法

思维导图

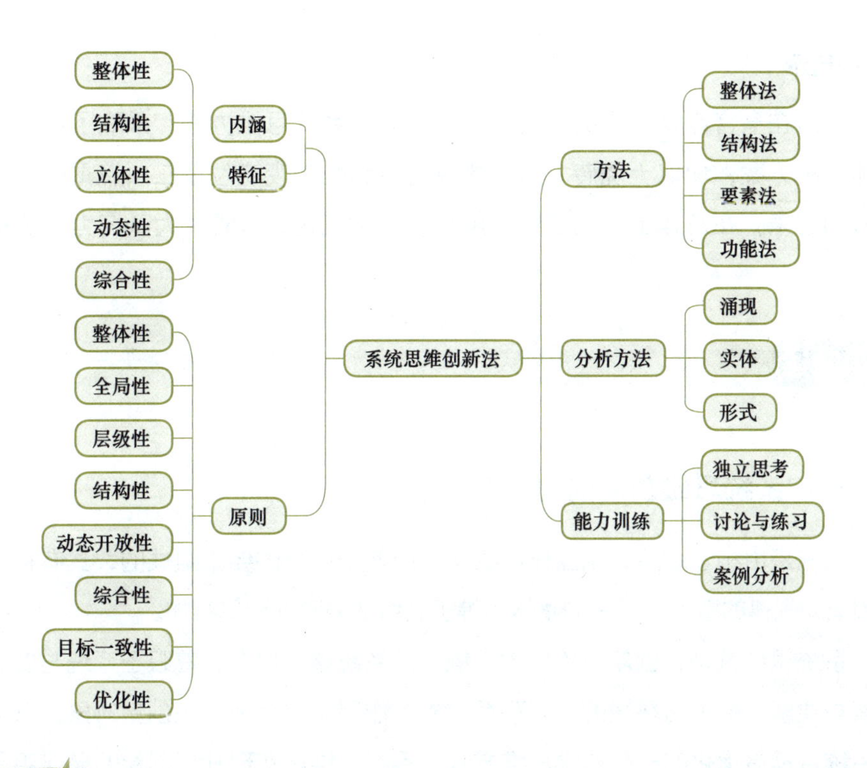

引导案例

丁谓修复皇宫

宋真宗在位的中祥符年间，开封城皇宫失火，一夜之间大片的宫室楼台殿阁亭榭变成了废墟。右谏大夫、权三司使丁谓受命主持修缮工程。丁谓考虑到从皇宫到城外取土距离太远，费工费力。于是下令将城中街道挖开取土，取土后的街道变成了大沟，丁谓又令人挖开官堤，引汴水进入大沟之中，然后调来各地的竹筏木船运来大批建造皇宫所需的木材和石料，最后等到材料运输任务完成之后，再把沟中的水排掉，把工地上的垃圾填入沟内，使深沟重新变为大街。按照这个施工方案，不仅节约了大量的时间和经费，而且使工地施工秩序井然，城内的交通和生活秩序并未受到施工太大的影响。

案例思考

丁谓制订的皇宫修缮方案的关键点在哪儿？对我们解决一些复杂问题有何启示？

案例启示

丁谓在皇宫修复工程的建设施工中，运用系统思维方法，采取了系统化的整体解决方案，使取土烧砖、运输建筑材料和处理废墟垃圾三项繁重的工程任务协调起来，在总体上得到了最佳解决，一举三得，节省了大量劳力、费用和时间。

知识陈述

一、系统思维创新的内涵及特征

系统是由相互联系、相互作用的两个或两个以上的要素组成的，具有特定功能和运动规律的整体。系统的整体不等于其组成要素的简单相加。

系统思维就是将创新对象作为系统，从系统整体出发，着眼于系统与要素、要素与要素、系统与环境的相互联系、相互作用，综合地考察创新对象，以期获得系统目标最优化的一种科学思维方式。系统思维是实现开拓创新的最佳手段和有效方式，能为我们提供符合科学发展观的现代科学创新方法。

现代系统思维方式，主要具有整体性、结构性、立体性、动态性、综合性等特征。

1．整体性

系统思维方式的整体性是由客观事物的整体性所决定的，整体性是系统思维方式的最基本特征。系统思维的整体性是建立在整体与部分之辩证关系基础上的，整体与部分密不可分，整体的属性和功能是部分按一定方式相互作用、相互联系所形成的，而整体也正是依据这种相互联系、相互作用的方式实行对部分的支配。

系统思维的整体性要求我们必须将研究对象作为系统来认知，即始终把研究对象放在系统之中加以考察和把握。这里包括两个方面的含义：①在思维中必须明确任何一个研究对象都是由若干要素构成的系统；②在思维过程中必须把每一个具体的系统放在更大的系统之内来考察。例如，要解决城市交通拥堵问题，就要把城市交通拥堵问题作为一个由若干要素构成的系统来考察，不仅要考察系统内部车辆、客流量、道路等要素，还要考察车辆的运行情况。同时，还要把城市交通系统纳入城市市政建设的大系统中去考察。只有从市政建设的整体角度去考察解决城市交通拥堵这个子系统问题，才是解决问题的根本的有效的方法。

系统思维方式通常将整体作为认知的出发点和归宿，通过对系统要素的分析，再回到系统综合的出发点。这是因为思维的逻辑进程通常是：在对整体情况充分理解和把握的基础上提出整体目标，然后提出满足和实现整体目标的条件，再提出能够创造这些条件的各种可供选择的方案，最后选择最优方案来实现。在这个过程中，整体目标的提出是从整体出发进行综合的产物；条件的提出是在整体目标统领下，分析系统各要素及其相互关系而形成的；方案的提出和优选，是在系统分析的基础上重新进行系统综合的结果。

2．结构性

系统思维的结构性强调从系统的结构去认识系统的整体功能，并从中寻找系统的最优结构，进而获得最佳的系统功能。系统结构是与系统功能紧密相关的，结构是系统功能的内部表征，功能是系统结构的外部表现。系统的结构决定系统的功能，在系统要素一定的前提下，有什么样的结构就有什么样的功能。

系统思维的结构性要求人们在具体创新实践活动中，要将创新对象作为一个系统来看待，并紧紧抓住系统结构这一中间环节，去认识和把握具体创新实践活动中各种系统的要素和功能的关系，在要素不变的情况下，努力优化结构，实现系统最佳功能。例如，我们目前进行的国家治理体系改革，就是在现有条件下，通过国家治理体系内部结构的优化来提高整体的治理能力。

从系统要素和结构对功能的作用来看，系统要素是系统功能的基础，而系统结构是从要素到功能的必需的中间环节，在相同的要素前提下，系统结构的好坏对功能起着决定性作用。系统要素在数量上不齐全和在质量上有缺陷，在一定条件下可以通过系统结构的优化得到弥补，而不影响系统的功能，这就是系统要素和结构关系的容差效应。例如，苏联制造的米格 25 型飞机，其组成部件当时并不是世界上最先进的，但因其结构优化，其功能在当时是世界第一流的。系统思维方式的结构性告诉我们，在考察要素和结构与功能的关系时，必须把思维指向的重点放在结构上；在系统结构优化时，要着眼于对整个系统起控制作用的中心要素，将其作为结构的支撑点，形成结构中心网络，在此基础上，再考察中心要素与其他要素的联系，形成系统的优化结构。

3．立体性

系统思维是一种开放型的立体思维。它以纵横交错的现代科学知识为思维参照系，使思维对象处于纵横交错的交叉点上。在具体的创新实践中，系统思维把思维客体作为系统整体来思考，既注重进行纵向比较，又注重进行横向比较；既注重把握思维对象与其他客体的横向联系，又能认识思维对象的纵向发展，以求全面准确地把握思维对象的规律性。

实际系统都是纵向和横向的有机统一。一个复杂的系统一般都是由若干个子系统构成的，但它同时又可能是另一个更大系统中的子系统。作为一个独立的系统，它的发展是纵向的；作为一个子系统，它与其他子系统之间的联系是横向的。立体思维，就是指创造主体在认识创造客体时要注意纵向层次和横向要素的有机耦合，时间和空间的辩证统一，在思维中把握研究对象的立体层次、立体结构和总体功能。立体思维是时空一体思维，是纵横辩证综合思维，即研究系统运动的空间位置时，要考虑其时间关系；而在研究系统运动的时间关系时，要考察其空间位置。

在立体思维中，纵向思维和横向思维不再是各自独立的两种思维形式，而是形成一种互为基础、互相补充的有机统一。纵向思维以横向思维为基础，要在横向比较中进行纵向思维，且只有经过横向比较之后才能准确地确定纵向思维目标。例如，在新产品开发上，总要先进行市场调查，通过市场需求、供求关系、技术状态、性能特点等的横向比较，才能准确地选定新产品的纵向思维目标。横向思维的优点就在于，把事物置于普遍联系和相互作用之中，通过与其他事物的比较，能使思维横向扩展，跳出自己的小圈子，进而认识事物运动的特点和规律。但横向思维必须以纵向思维为基础，有效的横向思维必须以对事物的纵向深刻认识为前提。横向思维属于多向思维，在具体的思维过程中，思维指向是有限的。思维主体总是根据思维目标的需要，来确定一些主要的思维指向，究竟确定哪些思维指向，要受制于纵向思维的深度。主体纵向思维越深刻，越能准确地选定横向比较的目标和范围。例如，要进行某类产品优选时，通常会在高品质的同类产品中进行比较和评选，我们只有对该类产品有深刻认识，才能确定参加评选的产品，再通过横向比较进行优选。

4．动态性

任何系统都有自身的生成、发展和灭亡的过程。系统内部诸要素之间的联系及系统与外部环境之间的联系都不是静态的，都会随时间不断地发展变化。这种变化主要表现在两个方面：①系统内部诸要素的结构及其分布位置不是固定不变的，而是随时间不断变化的；②任何系统都处于一定的环境中，总是与周围环境进行物质、能量、信息的交换活动。因此，系统不是静止的，而是不断发展变化的，是动态发展的。

思维要从静态进入动态，就必须正确认识和对待系统的稳定结构，使系统的演化不断地从无序走向有序。系统的有序和无序是衡量系统结构是否稳定的标志。一般说来，如果系统是有序的，系统结构就是稳定的；相反，系统结构则是不稳定的。人们既可以根据自己的需要和价值取向，创造条件打破系统的有序结构，使之成为向新的有序结构过渡的无序状态，也可以创造条件消除对系统的各种干扰，使系统处于有序状态，保持系统的稳定。关键是要把握系统演化过程中的控制项，控制项不仅能够破坏系统的旧稳定结构，而且还能使其过渡到新的系统结构。只有正确地把握控制项，才能使系统向演化目标方向发展。通常，控制项是多样的，又是可变的，这就要求我们要从多方面寻找解决问题的办法，找出最佳的控制项，而且还要随着系统的演化，不断地选择最佳控制项。

5. 综合性

系统思维的综合性表现为任何系统都是由若干要素为实现特定功能目标而构成的综合体，对任何系统的研究，都必须对它的要素、层次、结构、功能、内外联系方式等做全面的综合考察，才能从多侧面、多因果、多功能、多效益上把握系统整体。系统思维的综合性不是机械的或线性的综合，是从“整体等于部分相加之和”上升到“整体大于部分相加之和”的综合。

系统思维的综合性，要求我们要从系统内外纵横交错的各个方面的关系和联系出发，从整体上综合地把握对象。要从传统的“分析—综合”的单向思维转向“综合—分析—综合”的存在反馈的双向思维。双向思维要求从系统整体出发，其逻辑起点是综合，把综合贯穿于思维过程始终，在综合的统领下进行分析，再通过逐级综合而达到总体综合。要摒弃孤立的、静止的分析习惯，使分析和综合相互渗透，同步推进，这样才能站在全局的高度上，系统、综合地考察事物，着眼于全局来认识和处理各种矛盾问题，达到最佳化的系统目标。

案例 8-1　盲人打灯笼

一个盲人到朋友家做客，天黑后想回家，朋友好心为他点了个灯笼，说：“天晚路黑，你打个灯笼回家吧！”盲人生气地说：“你明明知道我是盲人，还给我打个灯笼照路，不是嘲笑我吗？”他的朋友说：“你犯了局限思考的错误了。你在路上走，许多人也在路上走，你打着灯笼，你看不到别人，但别人可以看到你呀，就不会把你撞到了。”盲人一想，对呀！

这个故事告诉我们，盲人生气时思考的角度局限于自己，而没有将自己放到整个环境中去进行整体思考。从系统的整体性角度去思考问题，就会发现，自己的行为会与别人产生互动。

二、系统思维创新的方法

系统思维创新的基本思路是“分而剖之，总而概之”，常用的具体方法有以下四种：

1. 整体法

系统思维的整体法就是在分析和处理问题的过程中，把思考问题的方向对准系统的全局和整体，要始终从整体来考虑，把整体放在第一位，而不是让任何部分凌驾于整体之上。要使整体位于主要地位，统率着部分，部分服从和服务于整体。

2. 结构法

系统由若干部分组成，组成系统的部分与部分之间的组合的合理性，对系统有很大的影响。好的结构，是指组成系统的各部分间组织合理、联系有序、有机统一。系统思维的结构法是指在进行系统思维时，注意系统内部结构的合理性，通过不断优化系统的组织结构来获得系统的整体最佳功能。

3. 要素法

每一个系统都由各种各样的要素构成，其中相对具有重要意义的要素称之为构成要素。要使整个系统正常运转并发挥最好的功能或处于最佳的工作状态，必须对各构成要素进行周密研究和优化，充分发挥各要素的作用。

4. 功能法

功能法是指为了使一个系统呈现出最佳态势，从大局出发来调整甚至改变系统内部各部分的功能与作用。这种调整可以是使部分向更好的方向改变，以使系统状态更佳；也可以降低系统某些部分的功能为代价，以使系统的全局利益最大。类似于中国象棋比赛中的“丢车保帅”。

三、系统思维创新的原则

基于系统思维的内涵和特征，在运用系统思维方法进行创新创造时，必须遵循以下八项系统思维原则。

1. 整体性原则

整体性原则是系统思维方法的首要原则，它将研究对象视为有机整体，探索其组成、结构、功能及其运动变化的规律性。整体性原则要求人们无论是认识、研究、控制自然现象，还是设计制造人工系统，都必须从系统的整体出发，探索系统内部和外部环境间的辩证关系。

系统思维的“木桶理论”认为，木桶的盛水量取决于最短的那一块木板的长度，如图 8-1 所示。李月亮在她的《你受的苦将照亮你的路》中写道，“如果男人有十种主要特质的话，比如外貌、财富、能力、性格、品行等，那么十种特质就是组成一个木桶的十块木板，最长的一块决定了他能多大程度吸引你，而最短的一块决定了他能给你盛装多少幸福。所以你在选择那块长板时，必须留意他的短板在哪里，有多短。长板可以不长，但短板绝对不能太短，否则他的桶里装不下多少幸福。在非要扣掉 30 分的前提下，最好是平均在每块板子上扣掉 3 分，让这个桶实现容量的最大值，而不是其他都好，只有一块太短，最后什么也装不下。”

图 8-1　木桶理论

系统作为一个整体，它的性质和功能并非其诸要素之性质或功能的简单相加，而是整体的性质或功能要大于各要素性质或功能之和——这就是系统作为一个整体所产生的“整体效应”所致。

“三个臭皮匠，赛过诸葛亮”这句充满哲理的谚语警示人们一个源于生活的真谛：以“志同道合、同舟共济”为信念走到一起的几个水平一般的人有可能产生 1+1>2 的“团队效应”。

2．全局性原则

全局思维就是从实际出发，正确处理整体与局部、未来与现实的关系，并抓住主要矛盾，制定相应规划，为实现全局性、长远性目标而进行的思维。

子曰：“人无远虑，必有近忧。”清人陈澹然在方集《寤言》卷二《迁都建藩议》中写到：“不谋万世者，不足谋一时；不谋全局者，不足谋一域。”毛泽东同志有诗曰："牢骚太盛防肠断，风物长宜放眼量。"任何工作如果只是头疼医头，脚疼医脚，只是满足于当个救火队员，只是满足于完成上级交代的任务，当一天和尚撞一天钟，就不可能很好地完成工作。就如下象棋，要做一个长远一些的打算，不能看一步下一步，要看到更多、更远的步骤，要想到对方的思路。

一个组织、一个企业在追求自身利益最大化的过程中，追求的是整体的合力、凝聚力和最佳整体效益。组织的每一个人都必须树立以大局为重的全局观念，不斤斤计较个人利益、局部利益和眼前利益，将个人、部门、眼前的追求融入组织的总体目标和长远目标，从而自发地培养团队精神，最终达到最佳整体效益和长远效益。

谋全局就是谋求系统的整体功能。1918 年，德军将苏俄的黑海舰队包围在小军港诺沃罗西斯克，70 多艘舰艇和 2 000 多名官兵身陷绝境且当局已无力援救。这种情况下结果只有两个：①官兵全部战死，舰艇落入敌手以资敌用；②舰队自沉以免资敌，官兵寻机脱险。苏俄政府坚定地选择了后者，指示舰队毁舰自沉，而 2 000 多名官兵巧妙地脱离了危险。这种"两害取其轻"的选择，为苏俄保护了舰队官兵这一珍贵财富且避免了资敌的后果，使德军全歼舰队官兵且俘获全部舰只的企图破灭。

3．层级性原则

任何一个复杂系统都是按一定的层次结构组织起来的。即每个物质系统都是较高一级系统的一个子系统，而每个子系统又由许多次级子系统组成，系统与子系统有横向、纵向和纵横交错的联系。

系统的层次性是指由于组成系统的诸要素的种种差异而使其在系统中的地位与作用、结构与功能等方面表现出等级秩序性，形成具有质的差异的系统等级，即形成统一系统中的等级差异性。

如图 8-2 所示，自然界的一切非生命物质系统和生命世界的基本物质等都表现出层级性。系统的层级性导致人们在认识和改造客观世界的过程中也呈现出层级性。例如：对物质结构层次的认识，人们认识了分子，建立了一般物理学的知识体系；进而认识了原子，建立了原子物理学的知识体系；再进而认识了原子核，建立了核物理学的知识体系；又进而认识了基本粒子，建立了高能物理学的知识体系。即每深入认知一个物质结构层次，就会创造出一个新的研究领域和一套新的知识体系；就会一层一层地提示物质世界的客观规律，一步一步加强人类对物质世界的认识、利用和改造。

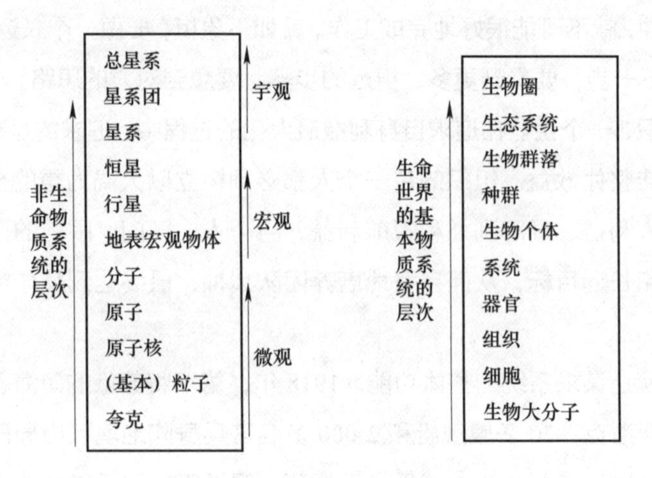

图 8-2　系统的层级性

就组织管理系统而言，人们常说的层级管理就是按系统的层级性原则，实行等级管理。层次结构合理则管理功能强、效率高。否则，就会出现层次不清的管理混乱现象，如管理缺位或越位、管理幅度过宽或过窄等。有研究表明，管理系统的整体结构应该是宝塔形或正立的三角形，而上级对下级的管理幅度以 5 ～ 10 层级为宜。

系统的层级性思想还导致了分类学的产生，它是一种分门别类的科学，如生物分类学、植物分类学、动物分类学、图书分类学等。人们最初是从对自然界动植物的认识与利用而形成有关分类知识的。动植物的分类学就是研究物种的鉴定、命名和描述方法，进而根据其形态学、生理学、生态学、地理分布及基因等遗传学特征，把物种科学地划分到某一等级系统中，从而建立起界、门、纲、目、科、属、种等层次分明的物种体系。

4．结构性原则

系统的结构性是指系统内部各要素之间的相互联系、相互作用的方式，它包括要素之间一定的比例、一定的秩序及一定的结合形式。系统的性质和功能主要取决于组成系统的要素和要素之间的结构。在系统要素一定的前提下，系统结构决定系统功能。

在微观非生命物质系统中，中子和质子靠核心交换力结合为原子核，原子核与电子靠电磁力结合为原子，多个原子靠共价键或离子键结合为分子等，说明物质系统的各层级结构之间存在着某种相互联系和相互作用，这就是物质系统的结构性。

系统思维方法的结构性原则强调从系统的结构去认识系统的整体功能，并从中寻找系统最优结构，进而获得系统的最佳功能。

在社会主义现代化建设中，我国政府非常重视系统结构的优化问题，如生产力结构、产业结构、教育结构、消费结构等。现行的供给侧结构性改革政策，其实质是对我国产业结构进行优化调整，这涉及行政管理制度改革、产权制度改革、土地制度改革、国有企业改革、财税制度改革、金融制度改革、价格制度改革、社会福利制度改革及生态制度改革等。

“一个和尚挑水喝，两个和尚抬水喝，三个和尚没水喝”，导致这一结果的原因在于人虽然多了，但没有形成合理的组织结构，不是相互支持、相互促进，而是相互掣肘，各要素的力量和作用被内耗，出现了 1+1<2 的负效应。

案例 8-2　拿破仑眼中的法国骑兵

在拿破仑的回忆录中有这样一段话：“两个马木留克兵绝对能打赢三个法国兵，一百个法国兵与一百个马木留克兵势均力敌，三百个法国兵大都能战胜三百个马木留克兵，而一千个法国兵则总能打败一千五百个马木留克兵。”其中的奥妙正如恩格斯在《反杜林论》中所指出的那样：“许多人协作，许多力量融合成一个总的力量，用马克思的话说，就造成‘新的力量’，这种力量和它的一个个力量的总和有本质的差别。”也就是说，一个由众多劳动者实行协作分工的工厂或企业的生产能力，决不等于全工厂、全企业各个劳动者个人生产能力简单相加的总和。

5．动态开放性原则

任何系统都不是孤立存在的，它总是处在一定的时空环境中，与环境相互联系，进行物质、能量和信息的交换，这便是系统的开放性。系统的功能是系统与外界环境相互作用时表现出来的属性、能力和作用，也称为系统对环境的输出，而环境对系统的作用就是系统的输入。

系统是动态的，系统内各部分之间相互联系、相互作用，共同推动着系统的发生、发展和变化。系统的动态开放性原则就是要探索系统的内外联系及系统发展变化的方向、趋势、活动的速度和方式，还要探索系统发展变化的动力和规律。

6. 综合性原则

现代的大多数高科技产品，尤其是复杂工程系统，都是集成和综合的产物，都是综合集成运用各种门类的现有技术的结果。美国前中央情报局局长曾直言不讳地说：80% 以上的军事情报可从公开信息中获得，若要从“信息海洋”中找出对方的天机，就必须有超乎寻常的综合分析能力。

运用系统思维方式综合地考察和处理问题，是现代化大经济、大科学发展的客观要求。许多农业先进国家已经将生态系统的原理用于规划、设计、建设和组织农业生产系统与农村生活系统以至农业政策系统，引发了农业生态系统综合化的趋势。这种将农业技术系统同农业生态系统有目的地进行综合，是现代化、系统化大农业发展的趋势。现代信息产业、宇宙工业、海洋产业、现代物流产业等新兴产业，更是应用系统科学理论对已有“存量”和新开发“增量”的单科单项技术进行综合集成和综合调控的产物。

综合集成创新是企业进行技术创新的重要途径。研究表明，任何一项创新，包括根本性的重大创新，都不可能完全脱离现有的生产技术，都会尽可能多地利用已有的或成熟的技术成就。技术集成创新实际上就是企业根据现有的技术，抓住产品的市场特性，同时引进已有的技术，依据产品的特性，使各项分支技术在产品中高度融合，在短时间内进行综合集成开发，以最快的时间领先进入市场，充分获得产品的市场占有率的手段和方法。

7. 目标一致性原则

系统目标一致包括要素与要素、要素与系统目标的整体一致。系统目标往往是按结构性标准分解给各要素的，各要素作为自成一体的子系统，也有自身的目标与利益的要求。这就需要“小道理服从大道理”，让要素目标服从于系统整体目标。所谓心往一处想、劲往一处使，就是要求个体的目标利益服从群体的目标利益；所谓技术流、资本流、信息流都往一处流，就是要以局部的需求与利益服从整体的需求与利益。在系统中，就是系统的各构成要素的性质、功能要相互匹配，并与整体需要相统一。

案例 8-3　猎人捕鸟

从前有个猎人在湖边张网捕鸟。很多大鸟飞入网中，猎人想收网时却没想到鸟的力气很大，带着网一起飞走了，猎人只好跟在后面拼命地追赶。一个农夫看到了，笑话这个猎人说："好一个大傻瓜呀，鸟在天上飞，你在地上追，凭你这两条腿，怎么能追上会飞的鸟呀？"猎人坚定地说："我一定能追上的，你根本不知道，如果说是一只鸟，可能追不上，但现在是有很多鸟在大网里，一定能追上的。"果然，到了黄昏，所有的鸟儿都想回到自己的家，各自朝着森林、湖边、草原等不同方向飞……最终那一群鸟就跟着大网一起落在地上，被猎人抓获。

这个故事告诉了我们群体目标一致的重要性。当鸟群朝着同一个目标共同飞翔，群体努力的目标一致时，才有速度和效率，当目标不一致时，群体就会失去战斗力。

8．优化性原则

系统形成的过程实际上是差异整合的过程。存在差异的事物能够整合到一起，说明它们之间必定有同一性，可以相互支持、优势互补，这是整合的前提和基础。系统优化性原则就是要在一定的条件下，改进系统的结构、功能和组织，以促使系统整体实现耗散最小而效率最高、收益最大的目标。

系统优化性原则要求处理和解决问题时着眼于整体功能状态的优化，做到从整体出发，统筹全局，寻求最优目标。在工程实践中，要注重系统内部结构的优化趋向，实现整体功能大于部分功能之和。对于复杂的系统，逐级优化是最合理、最优的组织方式。通常系统优化的最终目标是有效地利用资源、占用很少的空间，形成稳定、可靠的系统，以较快的速度取得整体上的最佳效果。

四、系统思维分析方法

有些系统是由人类构建的，如手机 APP、国家的金融系统、春运高铁调度系统等，有些是经过社会发展或自然演化而形成的，如大脑的结构、动物种群系统等。要想充分认识系统或创造人工系统，必须掌握用系统思维对复杂系统进行分析的方法。

系统也可以理解成是由相互作用或相互联系的实体所构成的（实体又可称为部件，也可以是构成系统的各个小模块），实体之间发生相互作用时会出现新的功能，新的功能不同于那些单个实体所具备的功能。

与系统密切相关的两个概念是架构和系统思维，架构就是对系统中的实体及实体之间的关系做的抽象描述，可用文字、流程图、思维导图等简洁直观的方式表达出来。而系统思维就是把某个现象或某个问题明确视为一个系统，进而来分析它。

系统之间发生相互作用，产生新的功能，称之为涌现。人们之所以要构建系统，就是为了得到令人满意的涌现物或者功能（系统所做的事情，也就是它的动作和输出）。但有时候系统也会出现我们不可预料也不合人意的涌现物。以微信系统为例，其涌现物见表 8-1。

表 8-1　微信系统的涌现物

	预期的涌现物	意外的涌现物
令人满意的	● 与朋友家人沟通 ● 购物、理财 ● 转账、发红包 ● 看朋友圈的状态 ● 发朋友圈 ……	● 炫耀、展示自我价值 ● 账号的隐私感 ……
不合人意的	● 微商广告 ● 删除好友关系 ……	● 泄露隐私 ● 浪费时间在弱关系上 ● 盗号造成经济损失 ……

可见，组成系统的实体之间的交互会生成涌现物，系统的价值是涌现物所赋予的。涌现的结果，使得变化以无法预测的方式进行传播。能够涌现出预期属性的系统是成功的系统；不能够涌现出预期属性或意外涌现出不良属性的系统是失败的系统。

用系统思维的方法分析、构建复杂系统的步骤如下：

第一步：确定系统及其形式与功能。

系统同时具备形式与功能两个特征。形式说的是系统是什么样子，一般是以物质载体或信息载体呈现的。功能描述的是系统能够做什么，功能需要以形式为手段展现，功能比形式抽象一点，因为功能涉及转变。

形式与功能的区别，可以用商品与服务来说明。商品是有形的产品，而服务则相对较为无形，且更是面向过程的产品。每个系统都可以作为形式来出售，形式通过表现功能而体现价值，同时系统也可以作为功能（或称为服务）来出售，功能借助形式来发挥价值。

第二步：确定系统中的实体及其形式与功能。

就是要将系统分解成多个实体，再分别确定每个实体的形式与功能，以及系统边界和系统所处环境的问题。以微信朋友圈为例，其系统的实体及其形式与功能见表 8-2。

表 8-2　微信朋友圈系统的实体及其形式与功能

系统的功能	实体的功能	实体的形式	系统的形式
查看朋友动态和发表自己动态	评论	按钮 1	朋友圈的信息流
	点赞	按钮 2	
	发图片 / 文字	按钮 3	

表 8-2 中最右侧一列是朋友圈系统的形式，倒数第二列是系统的形式所分解而成的各个组成实体的形式，同理，各个实体的形式也可以聚合成系统的形式，分解与聚合互为可逆操作；表的中间两列描述了实体的功能和实体的形式之间的一一映射关系，第二列是系统所具备的功能，第三列是系统的形式可以细分成各个组成实体的形式，同理，各个实体的功能也可以组合成系统的功能，这就是系统设计者所要追求的涌现效果。

运用系统思维，可以从系统的功能入手，对其进行细分，也可以从形式入手，对其进行分解。在现实世界中，既有大到宇宙的系统，也有小到夸克层面的系统，对于复杂的系统，要准确合理地确定系统的边界，弄清系统的外部环境，才能使自己可以把系统思维运用到最为重要的部分上。

第三步：确定实体之间的关系。

系统是由实体及其关系组成的，而实体具备形式和功能的特征，那么这些关系可以按照特征分为功能关系和形式关系。功能关系（或称交互关系）是指实体与实体之间对某物的操作，运输或交换的关系。例如，一个ERP系统中的客户管理实体的信息输入到生产管理实体中。形式关系是实现功能关系的载体，通常体现为连接关系（物质连接、社会关系连接），如肺与心脏通过血管等连接。如果是系统内的某些实体与系统外的实体发生形式关系或者功能关系，这种关系通过接口的形式发生数据交换。

第四步：根据实体的功能及功能之间的互动来确定系统的涌现属性。

系统的形式领域不会发生涌现，把部件A和部件B拼接起来后，形式领域内只能得到A+B，是“线性的”；然而在功能领域，功能A加上功能B，结果就复杂得多，可能会得到预期的C、D等和意想不到的E、F等。系统思维的重要目标就是努力预测涌现物以及涌现物带给系统强大的能力。系统的涌现物依赖于系统的功能，功能依赖于形式，这就意味着可以通过形式，预测系统的涌现物。例如，通过合理移动杠杆的支点，可涌现出“四两拨千斤”的效果。

最后，我们把系统的基本特征与系统思维的分析步骤一一对应起来，对系统思维的分析步骤做一下小结，见表8-3。

表8-3　系统的基本特征与系统思维的分析步骤对照表

系统的基本特征	系统思维的分析步骤
● 系统具备的形式和功能 ● 系统由实体组成，每个实体均具备形式和功能 ● 实体本身也是系统，而系统也是更大系统的一个实体	● 确定系统及其形式和功能 ● 确定系统中实体及其形式和功能 ● 确定系统的边界和系统的外部环境
● 系统的实体之间通过关系相连，关系具备形式特征和功能特征 ● 某些实体和系统之外的实体发生关系	● 确定系统中的各实体之间所具有的关系 ● 确定系统内外的实体之间具有的关系，并确定这些关系的形式和内容
● 系统的功能和其他特征是随着其实体之间发生功能交互而涌现出来的，而功能的交互又依赖于实体之间的形式关系 ● 涌现物使得系统具有强大的能力，使得其功能大于所有实体的功能之和	● 根据实体的功能及实体间的功能交互，来确定系统的涌现特征

能力训练

1．独立思考

（1）如果你去农村扶贫，你怎样利用系统思维帮助农民脱贫致富？

（2）把城市交通作为一个系统，运用系统思维提出解决拥堵问题的方案。

（3）如果你开了一家中型的超市，你打算如何利用系统思维去争取更好的经济效益？

2．讨论与练习

（1）恩格斯曾经说过：“许多人协作，许多力量融合为一个总的力量，造成一种‘新的力量’，这种力量和它的一个个力量的总和有本质区别。”“我们抓不住整体的联系，就会纠缠在一个接一个的矛盾之中。”请指出恩格斯这两段话说的是系统思维的哪一方面的问题。

（2）随着互联网技术的发展与广泛应用，人们的生活正发生着日新月异的变化。“电子商务系统”是较早进入人们生活的网上交易系统。其基本的系统构成如图 8-3 所示。请运用系统思维分析法，确定电子商务系统的形式与功能，并按表 8-1 的格式分析系统的涌现。

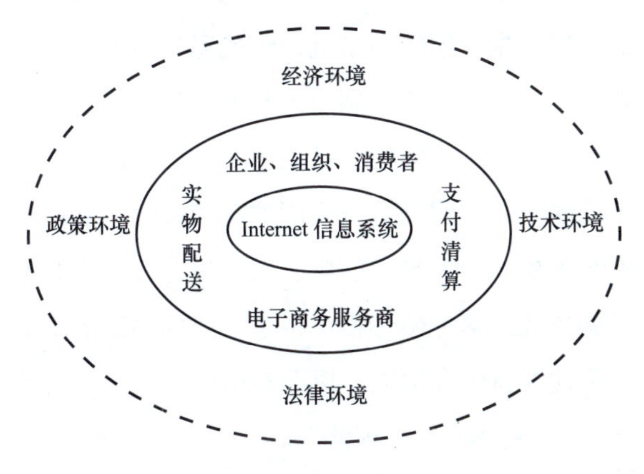

图 8-3　电子商务系统基本的系统构成

3．案例分析

（1）试用系统思维的理念分析下面的材料说明了什么问题。

在江苏的某个乡村附近，稻田里一片金黄，稻浪随风起伏，一派丰收景象。令人奇怪的是，在这片稻浪中，有一块地的水稻稀稀落落，与大片齐刷刷的田地形成了鲜明的对照。

这是怎么回事呢？原来这块田地被挖去一尺深的表土，卖给了砖瓦厂，田地主人得了1 000元。由于表面熟土被挖，有机物含量锐减，今年春上的麦苗长得像锈钉，夏熟麦子收成每亩还不到150斤。种上水稻后，尽管下足了基肥，施足了化肥，可水稻长势仍不见好。

有人给他算了一笔账，夏熟麦子少收1 000斤，损失400元，而秋熟大减产已成定局，损失更大。今后即使加倍施用有机肥，要想让这块田地恢复元气，至少要五年时间，经济损失至少在20 000元以上。这么一算，这位田地主人叫苦不迭，后悔地说："早知道这样，当初真不应该赚这块良田的黑心钱。"

（2）有这样一则民间故事："处于亚热带地区的印度、缅甸等国，蛇非常多。蛇的主要攻击对象是青蛙，蛇与青蛙存在着生死对立的矛盾。蜈蚣是一种行动敏捷的动物，昼伏夜行，它发出的毒液足以使比它大得多的毒蛇毙命，一般的毒蛇都对它无可奈何。青蛙在毒蛇面前是弱小者，但它却可以蜈蚣为食，蜈蚣不怕凶猛的毒蛇却怕青蛙。上述三者两两水火不容，无法共存。但有趣的是，冬天的捕蛇者们常常在同一洞穴中发现这三个冤家对头相安无事，和平相处。毒蛇、青蛙、蜈蚣都属无谋略的低等动物，但经历了世世代代适者生存的自然选择后，它们不仅形成了捕食弱者的本领，也形成了利用自己的天敌保护自己的本领。因蛇吃了青蛙，自己就会被蜈蚣所杀；而蜈蚣若是杀了毒蛇，自己立即就会成为青蛙的盘中餐；而青蛙吃了蜈蚣，毒蛇便会毫无顾虑地吃掉青蛙。这样一来，就形成了这样的局面：青蛙不吃蜈蚣，让蜈蚣帮助自己抵御毒蛇，而蜈蚣也不杀毒蛇，以便让毒蛇帮助自己抵御青蛙。这种循环相克相生，势均力敌的平衡格局告诉我们，强者不吃弱者，而帮助弱者生存下去，反而对自己有利，弱者可通过与强者的敌人交好而获得安全，这是何等高深的谋略"。

1）请分析本案例中青蛙、蜈蚣、毒蛇所构成的系统模式。

2）请分析其系统构成要素及它们之间的关系。

3）为什么具有矛盾关系的元素却能够构成一个有机的整体？

参 考 文 献

[1] 温兆麟，周艳，刘向阳. 创新思维的培养 [M]. 北京：清华大学出版社，2016.

[2] 凡禹. 创造性思维 36 计 [M]. 北京：企业管理出版社，2008.

[3] 卢明森. 创新思维学引论 [M]. 北京：高等教育出版社，2005.

[4] 周苏. 创新思维与方法 [M]. 北京：机械工业出版社，2017.

[5] 陈光. 创新思维与方法：TRIZ 的理论与应用 [M]. 北京：科学出版社，2011.

[6] 王亚东，赵亮，于海勇. 创造性思维与创新方法 [M]. 北京：清华大学出版社，2018.

[7] 寇静、徐秀艺. 创新思维 [M]. 北京：中国人民大学出版社，2013.

[8] 赵新军，李晓青，钟莹. 创新思维与技法 [M]. 北京：中国科学技术出版社，2014.

[9] 吕丽，流海平，顾永静. 创新思维：原理・技法・实训 [M]. 2 版. 北京：北京理工大学出版社，2019.

[10] 胡飞雪. 创新思维训练与方法 [M]. 北京：机械工业出版社，2009.

[11] 吴晓义. 创新思维 [M]. 北京：清华大学出版社，2016.